AF671118

René Uhlig

Konzeption und Untersuchung eines bistabilen Sicherheitsventils und simulationsbasierte Entwicklung einer Methode zu dessen Dimensionierung

Berichte der Ilmenauer Mechanismentechnik (BIMT)

Herausgegeben von
Prof. Lena Zentner
Fachgebiet Nachgiebige Systeme an der TU Ilmenau

Band 05

Konzeption und Untersuchung eines bistabilen Sicherheitsventils und simulationsbasierte Entwicklung einer Methode zu dessen Dimensionierung

René Uhlig

Universitätsverlag Ilmenau
2019

Impressum

Bibliografische Information der Deutschen Nationalbibliothek
Die Deutsche Nationalbibliothek verzeichnet diese Publikation in der Deutschen Nationalbibliografie; detaillierte bibliografische Angaben sind im Internet über http://dnb.d-nb.de abrufbar.

Diese Arbeit hat der Fakultät für Maschinenbau der Technischen Universität Ilmenau als Dissertation vorgelegen.

Tag der Einreichung: 6. März 2018
1. Gutachter/-in: Univ.-Prof. Dr.-Ing. habil. Lena Zentner (Technische Universität Ilmenau)
2. Gutachter/-in: Prof. Dr. Nenad D. Pavlovic (University of Niš)
3. Gutachter/-in: Prof. Dr.-Ing. habil. Valter Böhm (Ostbayerische Technische Hochschule Regensburg)
Tag der Verteidigung: 20. Juni 2018

Technische Universität Ilmenau/Universitätsbibliothek
Universitätsverlag Ilmenau
Postfach 10 05 65
98684 Ilmenau
http://www.tu-ilmenau.de/universitaetsverlag

ISSN 2194-9476
ISBN 978-3-86360-203-1 (Druckausgabe)
URN urn:nbn:de:gbv:ilm1-2018000718

Vorwort

Die vorliegende Dissertation ist während meiner Tätigkeit am Fachgebiet Nachgiebige Systeme an der Technischen Universität Ilmenau entstanden.
Mein besonderer Dank gilt Frau Univ.-Prof. Dr.-Ing. habil. Lena Zentner für die hervorragende wissenschaftliche Betreuung, angenehme Zusammenarbeit und die langjährige Unterstützung. Die zahlreichen Gespräche und wissenschaftlichen Diskussionen waren immer wieder Inspiration, Wegweiser und Mutmacher. Für die Erstellung des zweiten und dritten Gutachtens möchte ich mich bei Prof. Dr. Nenad D. Pavlovic und Prof. Dr.-Ing. habil. Valter Böhm bedanken. Ich möchte mich außerdem bei den Kollegen des Fachgebietes Nachgiebige Systeme für die fachlichen Ratschläge und kreativen Ideen bedanken. Für die Unterstützung bei der Anfertigung der Ventilprototypen und der Messvorrichtung gilt mein Dank Dipl.-Ing. (FH) Eberhard Hamatschek, Iris Franzke, Dipl.-Ing. Michael Bastick, Dr.-Ing. Karl-Heinz Drüe und Jürgen Bretschneider. Darüber hinaus danke ich Dr.-Ing. Veronika Geinitz für die Durchführung und Auswertung der Zugversuche zur Ermittlung des walzrichtungsabhängigen Elastizitätsmoduls. Nicht zuletzt bedanke ich mich bei den Mitarbeitern des DBI (Gastechnologisches Institut Freiberg) und der Firma AZ Gastechnik für die Möglichkeit der Durchführung von Messungen an der Versuchsanlage zur Prüfung von Gassicherheitsventilen sowie bei Dr.-Ing. Uwe Risto, der die praktischen Messungen an der Versuchsanlage unterstützt hat.

Abschließend möchte ich mich bei meiner Familie für die geduldige Unterstützung bedanken. Ein besonderer Dank gilt meiner Frau Christina und meinen Kindern.

Ilmenau, März 2018 René Uhlig

Zusammenfassung

Sicherheitsventile für Gasrohrleitungen – sogenannte Gasströmungswächter – sind unverzichtbare mechanische Schutzvorrichtungen, die den unkontrollierten Austritt großer Gasmengen im Havariefall oder bei beabsichtigter Manipulation verhindern. Damit können Gasexplosionen und die resultierenden existenziellen Folgen abgewendet werden. Die bisher bekannten Lösungen für Sicherheitsventile weisen aufgrund ihres monostabilen Schaltverhaltens einen gravierenden Nachteil auf, da diese nach dem Auslösen selbsttätig wieder öffnen und somit den Gasstrom freigeben. Potentielle Gefahrenquellen bleiben damit unerkannt.

Der wesentliche Vorteil eines neuartigen Sicherheitsventils besteht in der Realisierung einer bistabilen Schaltcharakteristik durch den Einsatz vorgespannter nachgiebiger Aufhängungselemente. Die zuverlässige Dimensionierung eines solchen neuartigen Ventils erweist sich in der Praxis als äußerst anspruchsvolle Aufgabe und erfordert viel Erfahrung, vor allem im Umgang mit numerischen Simulationswerkzeugen. Die vorliegende Arbeit beschäftigt sich mit der Untersuchung der nachgiebigen Aufhängungselemente und dem resultierenden Ventilschaltverhalten für unterschiedliche geometrische Abmessungen. Das Ziel und die Motivation der Arbeit besteht darin, die vorhandenen Hürden bei der Dimensionierung abzubauen und ein einfach anzuwendendes Dimensionierungsmodell zur Verfügung zu stellen.

Die Ergebnisse der Arbeit stützen sich maßgeblich auf FEM-Simulationen zum Verformungsverhalten der nachgiebigen Aufhängungselemente. Anhand der ermittelten Kraft-Verschiebungs-Kennlinien ist es gelungen, das Schaltverhalten anhand von abgeleiteten Dimensionierungsgleichungen zu beschreiben und darauf basierend eine Methode zur Dimensionierung neuartiger Sicherheitsventile zur Verfügung zu stellen. Darüber hinaus wurde das Dimensionierungsmodell anhand experimenteller Untersuchungen an realen Aufhängungselementen validiert.

Zum Abschluss der Arbeit wurde auch das Verhalten von verschiedenen Ventilprototypen im praktischen Einsatz an Versuchsanlagen betrachtet. Die gewonnenen Erkenntnisse fließen in die Ergebnisse ein und gewährleisten eine hohe Qualität des Dimensionierungsmodells. Darüber hinaus können die Ergebnisse auch zur Dimensionierung von bistabilen Systemen in anderen Anwendungsfeldern genutzt werden.

Abstract

Safety valves for gas pipelines - so-called gas flow guards - are indespensable mechanical safety devices, that prevent the uncontrolled release of large quantities of gas in the event of an accident or intentional manipulation. This avoids gas explosions and the resulting existential consequences. Due to their monostable switching behavior, the previously known solutions for safety valves have a serious disadvantage, since they open automatically after closing and thus enable the gas flow. Potential hazards remain undetected.

The main advantage of a novel safety valve is the implementation of a bistable switching characteristic through the use of prestressed compliant mounting elements. The reliable dimensioning of such a novel valve proves to be an extremely demanding task in practice and requires a lot of experience, especially in dealing with numerical simulation tools. This work deals with the investigation of the compliant mounting elements and the resulting valve switching behavior for different geometrical dimensions. The aim and the motivation of the work is to reduce the existing hurdles in dimensioning and to provide an easy-to-use dimensioning model.

The results of the work are largely based on FEM simulations of the deformation behavior of the compliant mounting elements. Based on the calculated force-displacement characteristics, it has been possible to describe the switching behavior on the basis of derived dimensioning equations and, based on this, to provide a method for dimensioning of novel safety valves. In addition, the model has been validated by experimental studies on real-world mounting elements.

For completion of the work, the behavior of different valve prototypes in practical use at test sites was also considered. The knowledge gained is incorporated into the results and ensures a high quality of the dimensioning model. Finally, the results can also be used for the dimensioning of bistable systems in other fields of application.

Inhalt

Abbildungsverzeichnis

Verwendete Symbole und Abkürzungen

Symbole

Symbol	Beschreibung und Einheit
a, b, c, m, n	Funktionsparameter
a_i	Differenz zwischen Ausgleichskurve und Stichprobe für das i-te Stichprobenelement
A	Querschnittsfläche in mm^2
b	Breite des Aufhängungselementes/Stabes in mm
d	Höhe des Aufhängungselementes/Stabes, Materialstärke, Dicke in mm
e	Anzahl der Elemente
E	Elastizitätsmodul in N/mm²
ed	Anzahl der Elemente in Dickenrichtung
f_S	Schließfaktor
F	Kraft
$\tilde{F}, \tilde{F}_x, \tilde{F}_y$	dimensionslose Kraft
F_N	Nennkraft in N
F_{Ventil}	Ventilkraft in N
F_x	Kraft in x in N
$\tilde{F}_{xkrit}$	dimensionslose kritische Kraft (Knicklast)
F_y	Verschiebungskraft in y in N
$F_{yA}, F_{yB}, \ldots, F_{yE}$	Verschiebungskraft in der Stützstelle A bis E in N
$F_{yA0}, F_{yB0}, \ldots, F_{yE0}$	Verschiebungskraft in der Stützstelle A bis E für Einspannwinkel $\alpha = 0°$ in N
$F_{y\max}$	maximale Verschiebungskraft in N
$F_{y\max 0}$	maximale Verschiebungskraft für Einspannwinkel $\alpha = 0°$ in N
$F_{y\min}$	minimale Verschiebungskraft in N

$F_{y\min 0}$	minimale Verschiebungskraft für Einspannwinkel $\alpha = 0°$ in N
$G(d,l)$	Betrag des Anstieges der Regressionsgerade in N/mm
ip	Anzahl der Integrationspunkte
I_z, I_3	Flächenträgheitsmoment in mm^4
$k(l)$	Steifigkeitsfaktor in N/mm^4
k	Überdeckungsgrad (Statistik)
l	Länge des Aufhängungselementes/Stabes in mm
$\tilde{l}$	dimensionslose Länge
$l*$	zusätzliche wirksame Länge (Einspannstelle) in mm
$\tilde{M}$, $\tilde{M}_z$	dimensionsloses Moment
M_{bz}	Biegemoment um z in Nmm
m_z	Linienmoment um z
M_z	Moment um z in Nmm
n	Anzahl der Aufhängungselemente
n	Anzahl der Messungen
p	Druck
q_x, q_y	Linienlast in x, y
q_X	Verhältniswert aus Messung und Berechnung für Stützstellenparameter X
$\overline{q}_X$	Mittelwert von q_X
q_X^{Max}	Maximalwert von q_X
q_X^{Min}	Minimalwert von q_X
Q_x, Q_y	Schnittkraft in x, y in N
rot$x$, rot$y$, rot$z$	rotatorische Bewegungsmöglichkeit um x, y, z
R^2	Bestimmtheitsmaß
$R_{p0.2}$	Dehngrenze in N/mm^2
s	Anzahl der Schichten
s	Ventilweg in mm
s	Koordinate auf der Stabachse
$\tilde{s}$	dimensionslose Stabkoordinate

S	Summe der Abstandsquadrate
s_b , s_d , s_l , s_{uy} , s_{vx} , s_α	Sollwertabweichungen
s_{qX}^{Max}	maximale Unsicherheit von q_X
s_{qX}^{Min}	minimale Unsicherheit von q_X
$\overline{s_{qX}^{Max}}$	Mittelwert der maximalen Unsicherheiten von q_X
$\overline{s_{qX}^{Min}}$	Mittelwert der minimalen Unsicherheiten von q_X
u_x , u_y , u_z	translatorische Bewegungsmöglichkeit in *x*, *y*, *z*
t	Zeit/Zeitpunkt
u_l , $\tilde{u}_l$	dimensionslose Anfangsauslenkung
u_y	Verschiebung in *y* in mm
$\tilde{u}_y$	dimensionslose Verschiebung in *y*
u_{yA}	Anfangsauslenkung in mm
u_{yA} , u_{yB} , … , u_{yE}	Verschiebung in der Stützstelle A bis E in mm
u_{yA0}	Anfangsauslenkung für Einspannwinkel $\alpha = 0°$ in mm
u_{yA0} , u_{yB0} , … , u_{yE0}	Verschiebung in der Stützstelle A bis E für Einspannwinkel $\alpha = 0°$ in mm
u_{yE}	Endauslenkung in mm
u_{yE0}	Endauslenkung für Einspannwinkel $\alpha = 0°$ in mm
$\tilde{v}$	dimensionslose Durchbiegung
$v(l)$, v_l	Durchbiegung (Verformung) an der Stelle *l* in mm
$\tilde{v}_l$	dimensionslose Durchbiegung an der Stelle *l* in mm
$v(x)$	Durchbiegung (Verformung) an der Stelle *x* in mm
v_x	Vorspannweg in mm
$\tilde{v}_x$, v	dimensionsloser Vorspannweg/Vorspannung
V_N	Nenndurchfluss in m³/h
V_S	Schließdurchfluss in m³/h
W_3	Widerstandsmoment in mm³
$\tilde{x}$	dimensionslose x-Koordinate
X	Stützstellenparameter
$X_{Berechnung}$	Berechnungswert für Stützstellenparameter
X_{Max}	obere Intervallgrenze für Stützstellenparameter X

$X_{Messung}$	Messwert für Stützstellenparameter
X_{Min}	untere Intervallgrenze für Stützstellenparameter X
X_{Soll}	Wert für den Stützstellenparameter bei Berechnung mit Sollgrößen
$\tilde{y}$	dimensionslose y-Koordinate
α	Einspannwinkel in °
α_G	Grenzwinkel in °
δ	Kippwinkel des Verschlusskörpers in °
θ_3	Winkel der Stabachse am verformten Stabelement
$\tilde{\kappa}$	dimensionslose Krümmung
κ_3	Krümmung des verformten Stabes bezüglich $\vec{e}_3$
κ_{30}	Krümmung des unverformten Stabes bezüglich $\vec{e}_3$
ν	Querkontraktionszahl
ρ	Dichte in kg/m³
σ	Standardabweichung
σ_n	Standardfehler des Mittelwertes
σ_b	Biegespannung in N/mm²
σ_N	Spannung infolge Normalkraft in N/mm²
σ_x, σ_y	Normalspannung in x, y in N/mm²
σ_V	Vergleichsspannung (Gestaltänderungshypothese) in N/mm²
σ_{zul}	zulässige Spannung in N/mm²
τ_{xy}	Schubspannung in y in der Schnittfläche mit der Schnittnormalen x in N/mm²
ξ	Abstand von der neutralen Faser

Abkürzungen

Abkürzung	**Beschreibung**
DBI	Gastechnologisches Institut gGmbH Freiberg
DVGW	Deutsche Vereinigung des Gas- und Wasserfaches e. V.
E-Modul	Elastizitätsmodul
FEM	Finite Elemente Methode
GUM	Guide to the expression of uncertainty in measurement
ISO	Internationale Organisation für Normung
KVK	Kraft-Verschiebungs-Kennlinie

1. Einleitung

Sicherheitsventile für Gasrohrleitungen (Gasströmungswächter) sind passive mechanische Schutzvorrichtungen im Bereich der Erdgasversorgung, die bei einem unzulässig hohen Volumenstrom den Gasstrom in der Gasleitung absperren. Seit 2004 ist der Einbau von Gasströmungswächtern – auch für Privathaushalte – gesetzlich vorgeschrieben. Spätestens mit dem Einsatz von Kunststoffmaterialien bei Gasinstallationen sind Gasströmungswächter unverzichtbar. Eine Kunststoffleitung kann im Brandfall aufgrund der auftretenden Temperaturen aufschmelzen. Bei einem unkontrollierten Gasaustritt könnte es in der Folge zu einer schweren Gasexplosion kommen.
Die Gesamtlänge der Gasversorgungsleitungen in Deutschland beträgt über 550000 km. Laut DVGW (Deutsche Vereinigung des Gas- und Wasserfaches) liegt dabei die Anzahl der registrierten Vorfälle je Kilometer Rohrleitung bei etwa 0,1. Das entspricht 55000 Vorfällen pro Jahr. Laut Statistik sind 56 % der Leckagen sehr klein (beispielsweise infolge von Korrosion), bei 1,4 % der Vorfälle wurde jedoch ein erheblicher Gasaustritt registriert [Dietzsch 2017]. Die Hauptursache für Gasaustritte ist auf mechanische Beschädigungen (z. B. durch Baggerarbeiten) oder auf absichtliche Manipulationen (Gasdiebstahl, nicht fachgerechte Eigeninstallationen, Suizidabsicht) zurückzuführen. Durch den flächendeckenden Einsatz von Gasströmungswächtern kann der unkontrollierte Austritt großer Gasmengen mit seinen potentiellen Folgen verhindert werden.
Herkömmliche Gasströmungswächter bestehen aus einem axial beweglichen scheibenförmigen Verschlusskörper, der entgegen einer Federkraft den Gasstrom absperrt. Ein gravierender Nachteil dieser Lösung ist darin zu sehen, dass der Gasströmungswächter nach Beseitigung der Störung selbsttägig wieder öffnet. Vorsätzliche Manipulationen bleiben damit unerkannt. Im Fokus der vorliegenden Arbeit steht ein neuartiges Sicherheitsventil, das durch den Einsatz vorgespannter nachgiebiger Aufhängungs-elemente eine bistabile Schaltcharakteristik ermöglicht. Der Vorteil dieser neuartigen Lösung besteht darin, dass das Ventil nach erfolgtem Ventilverschluss solange verschlossen bleibt, bis ein autorisiertes Öffnen durch den Gasnetzbetreiber erfolgt.
Die Zielstellung der Arbeit richtet sich darauf, das Verhalten der nachgiebigen vorgespannten Aufhängungselemente hinsichtlich der resultierenden Schaltcharakteristik des Sicherheitsventils zu untersuchen. Darüber hinaus soll eine Methode zur

Dimensionierung der Aufhängungselemente entwickelt werden und eine experimentelle Validierung erfolgen. Die Motivation besteht darin, ein einfach anzuwendendes Dimensionierungsmodell zur Verfügung zu stellen, das auf aufwändige numerische Simulationen verzichtet und damit einer breiten Anwendergruppe zugänglich ist. Außerdem soll eine Zeitersparnis bei der Dimensionierung von neuartigen Sicherheitsventilen erreicht werden.

Nach der Einleitung wird im 2. Kapitel der Arbeit der Aufbau und die Funktionsweise des neuartigen Sicherheitsventils sowie dessen typische bistabile Ventilkennlinie erläutert. Zur Einordnung der Thematik werden der Stand der Technik und Forschung dargestellt.
Im 3. Kapitel erfolgt die Modellbildung. Dazu wird das neuartige Sicherheitsventil in ein Modell der nachgiebigen Aufhängung des Verschlusskörpers überführt. Durch weitere Modellannahmen wird daraus ein Drittelmodell abgeleitet, bei dem ein einzelnes Aufhängungselement betrachtet wird. Anhand des modifizierten Modells erfolgt zunächst die Beschreibung des Verformungsverhaltens mittels Linearer und Nichtlinearer Theorie. Anschließend wird das FEM-Modell vorgestellt und die Vorgehensweise zur simulationsbasierten Ermittlung der Kraft-Verschiebungs-Kennlinie erläutert.
Das 4. Kapitel bildet den Kern der Arbeit. Darin werden die Ergebnisse der FEM-Simulationen für Aufhängungselemente verschiedener geometrischer Abmessungen präsentiert. Anhand ausgewählter Kraft-Verschiebungs-Kennlinien erfolgt zunächst eine qualitative Beschreibung der Kennlinien. Anschließend wird die Entwicklung des Dimensionierungsmodells durch eine Beschreibung der charakteristischen Stützstellen dargestellt. Die Ermittlung der Beschreibungsgleichungen erfolgt auf Basis der *Gaußschen Methode der kleinsten Quadrate* (Ausgleichsrechnung). Eine Erweiterung des Dimensionierungsmodells erfolgt am Ende des Kapitels. Dazu wird der Einspannwinkel der Aufhängungselemente betrachtet.
Im 5. Kapitel wird die experimentelle Validierung des Dimensionierungsmodells vorgestellt. Nach der Beschreibung des Messsystems und der Vorgehensweise bei den Messungen erfolgt die Auswertung der ermittelten Messdaten. Es werden zunächst ausgewählte Kraft-Verschiebungs-Kennlinien qualitativ betrachtet, bevor im Anschluss die statistische Auswertung der Daten erfolgt.
Im Kapitel 6 wird ein „Dimensionierungsalgorithmus“ vorgestellt und an einem Beispiel die Anwendung des Dimensionierungsmodells demonstriert. Außerdem werden die

praktischen Messungen an Ventilprototypen beschrieben und die daraus resultierende Problemstellung – das Verkippen des Verschlusskörpers – diskutiert. Zum Abschluss der Arbeit werden Maßnahmen zur Vermeidung des Verkippens vorgeschlagen, bevor im Kapitel 7 eine Zusammenfassung der Ergebnisse und ein Ausblick auf weitere Forschungsarbeiten erfolgt.

2. Vorbetrachtung

2.1. Neuartiges Sicherheitsventil

2.1.1. Idee und Ausgangspunkt

Als Ausgangspunkt für die Konzeption eines neuartigen Sicherheitsventils sind die Vorarbeiten des Autors im Fachgebiet *Nachgiebige Systeme* an der Technischen Universität Ilmenau zu nennen. Die Grundidee besteht in einer Sicherheitsabsperrvorrichtung für Rohrleitungen, wobei der Verschlusskörper über gekrümmte elastische Aufhängungselemente beweglich im Ventilgehäuse befestigt ist. Durch die elastische Aufhängung ist gewährleistet, dass das Ventil bis zum Erreichen eines Schließdurchflusses offengehalten wird.
Eine erste Umsetzungsvariante der neuartigen Lösung hatte die Verwendung nicht vorgespannter, s-förmig gekrümmter Aufhängungselemente vorgesehen. Dazu konnten – anhand theoretischer Untersuchungen – Geometrien mit definierten Biegeradien und Winkeln für die Aufhängungselemente ermittelt werden, mit denen sich ein bistabiles Schaltverhalten realisieren lässt. Die Herstellung solcher Aufhängungselemente ist jedoch aufgrund der benötigten Radien und Winkel praktisch nicht möglich. Aus den weiteren Überlegungen zur Realisierung der nachgiebigen Aufhängung ist die Idee für das im Rahmen dieser Arbeit zu untersuchende neuartige Sicherheitsventil (Abbildung 2.1) entstanden.

2.1.2. Aufbau und Funktionsweise

In Abbildung 2.1 ist der Aufbau des neuartigen Sicherheitsventils für Gasrohrleitungen als CAD-Modell in einer Schnittansicht dargestellt. Das Ventil besteht aus einem Ventilgehäuse, in dem ein Ventilsitz als Verengung des Strömungsquerschnittes ausgebildet ist. Ein scheibenförmiger Verschlusskörper mit Anströmkegel dient als Absperrelement. Der Verschlusskörper ist über mehrere radial angeordnete, nachgiebige Aufhängungselemente im Ventilgehäuse befestigt und ist dadurch axial gegenüber dem Ventilsitz beweglich.

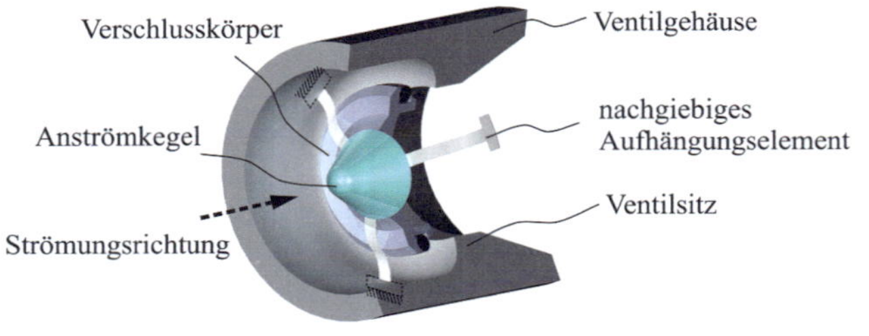

Abbildung 2.1: Aufbau des neuartigen Sicherheitsventils (CAD-Modell in Schnittdarstellung)

Die Funktionsweise des Sicherheitsventils beruht auf der Vorspannung der nachgiebigen Aufhängungselemente (Abschnitt 2.1.3). Bei Überschreiten eines kritischen Wertes für den Volumenstrom wird der Verschlusskörper aufgrund der Kraftwirkung F_{Ventil} des gasförmigen Strömungsmediums schlagartig in den Ventilsitz geschoben und das Ventil verschlossen. An dieser Stelle soll darauf hingewiesen werden, dass das Ventilschaltverhalten im Rahmen der vorliegenden Arbeit aus statischer Sicht betrachtet wird. Dynamische Effekte werden nicht betrachtet, da der Fokus auf der Übergangsfähigkeit des Ventils von der geöffneten in die geschlossene Schaltstellung unter der Wirkung einer statischen Kraft liegt.

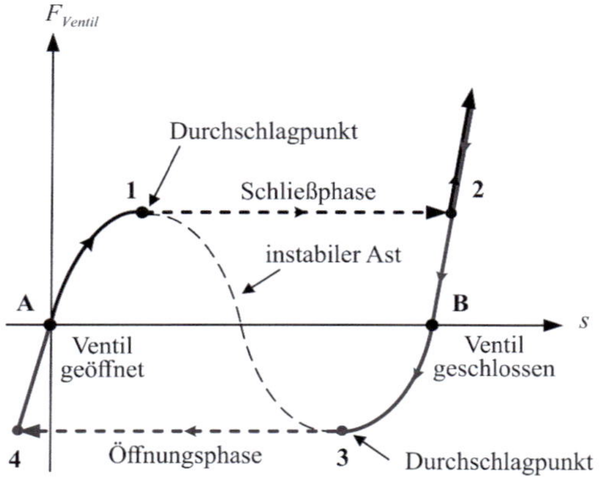

Abbildung 2.2: Ventilkennlinie des neuartigen Sicherheitsventils (schematisch)
Die Ventilkennlinie besitzt zwei stabile Gleichgewichtslagen A und B für $F_{Ventil} = 0$. Der Abschnitt zwischen 1 und 3 erlaubt keine stabilen Gleichgewichtslagen, es handelt sich um einen Kennlinienabschnitt, der beim Öffnen oder Schließen des Ventils schlagartig passiert wird.

Eine Besonderheit des neuartigen Sicherheitsventils besteht darin, dass das Schaltverhalten bistabil ist. Anhand der qualitativen Ventilkennlinie in Abbildung 2.2 soll das Schaltverhalten näher betrachtet werden. Solange der Volumenstrom im Normalbereich liegt, befindet sich der Arbeitspunkt des Ventils im Kennlinienabschnitt links von Punkt 1. Der steile Anstieg der Kennlinie in diesem Bereich hat zur Folge, dass sich bei einer Änderung der Durchströmung die Ventilstellung nicht wesentlich ändert. Somit bleibt das Ventil auch beim Auftreten kleinerer Schwankungen des Volumenstroms (Druckspitzen) weit geöffnet. Mit zunehmender Durchströmung bis in einen kritischen Wertebereich hinein verschiebt sich der Arbeitspunkt nah an den Punkt 1. Dort besitzt die Ventilkennlinie einen lokalen Hochpunkt. Nimmt die Durchströmung weiter zu, dann steigt auch die Kraft auf den Verschlusskörper an. Dadurch wird der Arbeitspunkt des Ventils auf der Kennlinie nach rechts über den Punkt 1 hinaus verschoben. Aufgrund der nun abfallenden Ventilkennlinie (zwischen Punkt 1 und 3) stellt sich ein neuer Arbeitspunkt erst im Punkt 2 ein. Dieser Punkt entspricht der geschlossenen Ventilstellung. Der Übergang von Punkt 1 in den Punkt 2 erfolgt schlagartig (Durchschlag). Zum Öffnen des Ventils ist eine entgegengesetzt wirkende Kraft auf den Verschlusskörper erforderlich. Analog zu dem beschriebenen Schließvorgang erfolgt das Öffnen durch eine plötzliche Verschiebung des Ventilarbeitspunktes vom Punkt 3 in den Punkt 4 auf der Ventilkennlinie. Somit verbleibt das Ventil nach dem Verschließen solange im geschlossenen Zustand, bis eine entsprechende Öffnungskraft eingeprägt wird.

2.1.3. Vorgespannter Einbauzustand

Die bistabile Schaltcharakteristik des neuartigen Sicherheitsventils resultiert aus dem mechanischen Verhalten der nachgiebigen Aufhängungselemente unter einer Vorspannung. Im unbelasteten Zustand nach der Fertigung sind die Aufhängungselemente eben und unverformt (Abbildung 2.3). Während des Einbaus im Ventilgehäuse werden die nachgiebigen Aufhängungselemente mechanisch vorgespannt, indem die äußeren Enden der Aufhängungselemente gleichmäßig in Richtung des Verschlusskörpers um den Vorspannweg v_x radial verschoben werden. Anschließend werden die Aufhängungselemente im Ventilgehäuse befestigt.

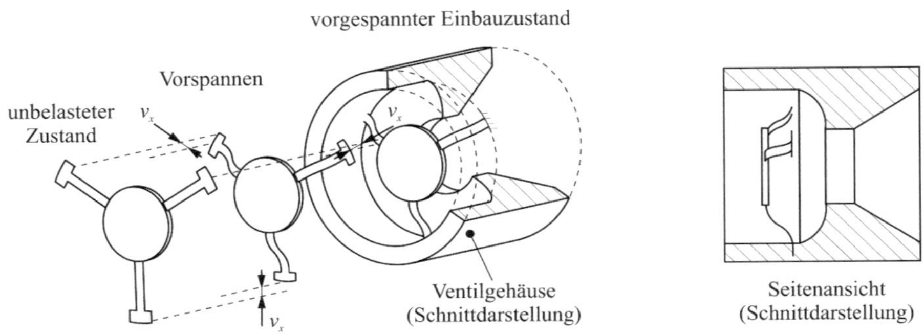

Abbildung 2.3: Vorgespannter Einbauzustand

Das Vorspannen der Aufhängungselemente lässt sich an dem aus der Elastostatik bekannten Problem des druckbeanspruchten Stabes beschreiben. Dieser knickt bei Überschreiten einer kritischen Druckkraft seitlich aus. Somit handelt es sich um ein Stabilitätsproblem. Bei der Betrachtung des vorgespannten Einbauzustandes ist der Verformungszustand in der ausgeknickten Lage von Interesse, die kritische Druckkraft spielt hier keine Rolle. Weitere Betrachtungen zum Verformungsverhalten erfolgen in Abschnitt 3.2 der Arbeit.

2.2. Stand der Technik

Zum Stand der Technik wurde eine Patentrecherche durchgeführt, die durch das Landespatentzentrum Thüringen (PATON) im Rahmen von Auftragsrecherchen begleitet wurde. Es wurde nach Patenten zu Ventilen und Sicherheitsventilen für fluide Medien recherchiert. Dabei wurde gezielt nach Lösungen mit bistabilem Verhalten und Ventilen mit nachgiebigen Elementen gesucht. Die Recherche erfolgte vorrangig in *DEPATIS-Klient* und *PATBASE* und konzentriert sich – im Rahmen der Auftragsrecherche – auf den Zeitraum der vergangenen 20 Jahre. Darüber hinaus werden auch ältere Patente ab Hälfte des 20. Jahrhunderts berücksichtigt. Es wurden über 900 Patente ermittelt und ausgewertet. Aufgrund der Vielzahl der relevanten Ergebnisse werden diese nachfolgend unterteilt in die zwei Gruppen *Sicherheitsventile für fluide Medien* und *Bistabile Ventile mit nachgiebigen Elementen* dargestellt.

2.2.1. Sicherheitsventile für fluide Medien

Die nachfolgenden Ergebnisse werden in den zugehörigen Patentschriften explizit als Sicherheitsventil für fluide Medien vorgeschlagen. Zur weiteren Eingrenzung der Rechercheergebnisse und in Bezug auf das zu untersuchende Sicherheitsventil werden nur solche Ventillösungen berücksichtigt, die selbstschließend arbeiten. Das bedeutet, dass zum Verschließen des Ventils kein Aktor (z. B. Magnetspulen, Piezoantriebe, Formgedächtnis-Aktoren) notwendig ist. Ventillösungen, die über einen Aktor verfügen, aber unabhängig davon in der Lage sind selbsttätig zu verschließen, werden in der Betrachtung eingeschlossen.

Funktionsprinzip selbstschließender Sicherheitsventile

Die Auswertung der recherchierten Ventillösungen lässt erkennen, dass selbstschließende Sicherheitsventile nach demselben grundlegenden Funktionsprinzip arbeiten. Dabei wirkt auf einen Verschlusskörper – infolge der Durchströmung des Ventils – eine Schließkraft. Diese Kraft lenkt den Verschlusskörper entgegen einer Offenhaltekraft aus. Übersteigt die Schließkraft die Offenhaltekraft, wird das Ventil verschlossen.

Klassifizierung

Aufgrund der Vielzahl der Ergebnisse wird eine Klassifizierung der gefundenen Ventillösungen vorgenommen. Als Klassifizierungskriterien werden die *Gestalt des Verschlusskörpers* und die *Realisierung der Offenhaltekraft* verwendet. Es werden dazu die in Tabelle 2.1 aufgeführten Klassen betrachtet.

Tabelle 2.1: Klassifizierungskriterien und betrachtete Klassen

Klassifizierungskriterium	Betrachtete Klassen
Gestalt des Verschlusskörpers	A. Strömungskegel/Scheibe B. Kugel/Ball C. Klappe (auch mehrteilig) D. Hohlkörper/Hülse
Realisierung der Offenhaltekraft	I. Schraubenfeder/Torsionsfeder II. Schwerkraft III. Permanentmagnet IV. Elastische Elemente/Aufhängung a. Monostabiles Verhalten b. Bistabiles Verhalten

In Tabelle 2.2 ist eine Kreuzklassifikation für die recherchierten Sicherheitsventile dargestellt. Das Kriterium *Gestalt des Verschlusskörpers* ist in Spaltenrichtung eingetragen, das Kriterium *Realisierung der Offenhaltekraft* wird in Zeilenrichtung angewendet. Dadurch ergeben sich die 16 kombinierten Klassen A-I, A-II, . . . , D-IV. Für jede Klasse sind exemplarische Ventillösungen abgebildet. Ergänzend dazu sind im Anhang C (Tabelle C.1) weitere relevante Ergebnisse zu ausgewählten Klassen aufgeführt. Es zeigt sich, dass die Mehrzahl der relevanten Patente zu Sicherheitsventilen der Klasse A-I zugeordnet werden kann (Verschlusskörper: Strömungskegel/Scheibe, Offenhaltekraft: Schraubenfeder/Torsionsfeder). Derartige Lösungen sind bereits seit weit über fünf Jahrzehnten bekannt [Martin 1960] und werden auch heutzutage standardmäßig bei der Gasinstallation eingesetzt (Abbildung 2.4). Vorteilhaft ist die Robustheit und Zuverlässigkeit dieser Lösungen sowie die kostengünstige Herstellbarkeit. Ähnliche Ventillösungen (Klasse B-I), die als Verschlusskörper eine Kugel/Ball vorsehen, sind ebenfalls bereits seit vielen Jahrzehnten bekannt [Schilling 1969]. Ein Nachteil bei diesen Ventilen ist darin zu sehen, dass bei einer angestrebten größtmöglichen Durchlassöffnung im Ventil ein entsprechend großer Verschlusskörper eingesetzt werden muss. Dieser ist aufgrund der Kugelgeometrie vergleichsweise schwer. Damit sind in der Regel separate Ausführungen für die horizontale und vertikale Einbaulage erforderlich.

Sicherheitsventile aus den Klassen [A, B, C, D]-II, bei denen die Offenhaltekraft aus der Schwerkraft des Verschlusskörpers resultiert, sind auf eine Installation in vertikaler Einbaulage beschränkt. Ihr Vorteil besteht jedoch in ihrem einfachen konstruktiven Aufbau, da als Hauptfunktionskomponenten nur der Ventilsitz und ein Verschlusskörper benötigt werden.

Ventile der Klassen [A, B, C, D]-III, bei denen die Offenhaltekraft durch Permanentmagnete aufgebracht wird, weisen ebenfalls erhebliche Nachteile auf. So unterliegen die magnetischen Eigenschaften von Permanentmagneten mitunter erheblichen Streuungen, so dass eine exakte Einstellung der Ventile aufwändig und teuer ist. Zudem kann die Magnetisierung durch äußere Faktoren oder Alterungsprozesse beeinflusst werden, was sich in einer Veränderung des Auslöseverhaltens der Ventile und Verringerung der Lebensdauer widerspiegeln kann. Eine zuverlässige Funktion ist somit nur schwer zu gewährleisten. Solche Ventile sollten vorzugsweise nur an gut zugänglichen Stellen installiert werden, um im Bedarfsfall einen einfachen Austausch zu gewährleisten.

Zu Sicherheitsventilen der Klassen [A, B, C, D]-IV, bei denen die Offenhaltekraft über elastische Elemente realisiert wird, konnten im Vergleich nur wenige relevante Lösungen gefunden werden. Die von [Crompton & Dias 2014] vorgeschlagene Lösung (monostabiles Verhalten) sieht einen hülsenförmigen nachgiebigen Ventilkörper vor, der bei unzulässiger Durchströmung gedehnt und gegen ein Absperrelement gedrückt wird. Die von [Lenn 2014] vorgeschlagene Lösung beschreibt ein Sicherheitsventil mit nachgiebigen Aufhängungselementen, an denen ein Ventilkörper axial beweglich befestigt ist. Im Gegensatz zu dem im Rahmen dieser Arbeit untersuchten Sicherheitsventil verfügt diese Lösung nur über ein monostabiles Schaltverhalten. Als einzige vorgeschlagene Lösung zu bistabilen Sicherheitsventilen mit elastischen Elementen ist die Lösung von [Berger et al. 2008] zu nennen. Es handelt sich dabei um ein Patent, an dessen Entwicklung das Fachgebiete *Nachgiebige Systeme* (TU Ilmenau) maßgeblich beteiligt war.

Abbildung 2.4: Herkömmliche Gasströmungswächter (Klasse A-I)

Tabelle 2.2: Klassifizierung von Sicherheitsventilen anhand der Kriterien *Gestalt des Verschlusskörpers* und *Realisierung der Offenhaltekraft* (Kreuzklassifikation)

Realisierung der Offenhaltekraft			**Gestalt des Verschlusskörpers**			
			A Strömungskegel/Scheibe	**B** Kugel/Ball	**C** Klappe (auch mehrteilig)	**D** Hohlkörper/Hülse
I	Schraubenfeder/ Torsionsfeder		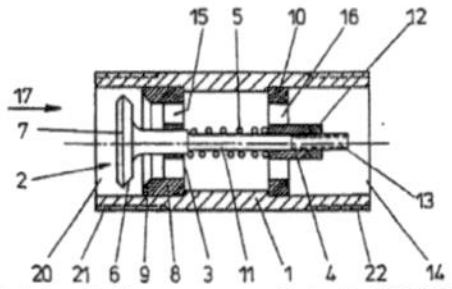 WO92/01184 - Safety cut-out [Masloff 1992]	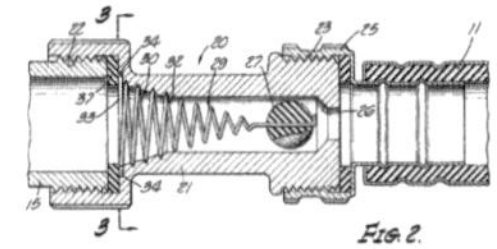 US3441052- Automatic flow-responsive valve [Schilling 1969]	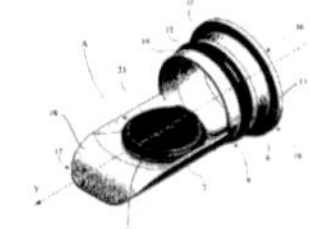 EP2497981B1 - Safety valve for gas pipelines [Zeni et al. 2013]	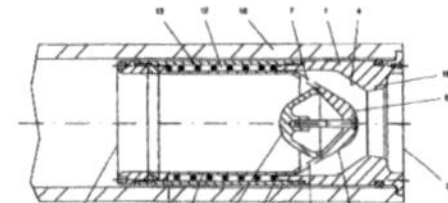 EP1282797B1 – Sicherheitsschließvorrichtung für Gasrohrleitungen [Masloff 2003]
II	Schwerkraft		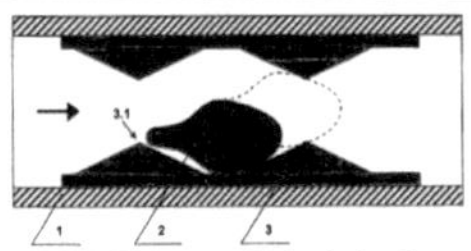 DE102004032236B4 – Sicherheitsabsperrvorrichtung, nämlich Strömungswächter [Berger et al. 2007]	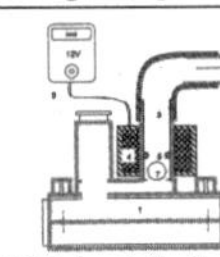 DE10137307A1 - Rohr(bruch)ventil [Wagner 2002]	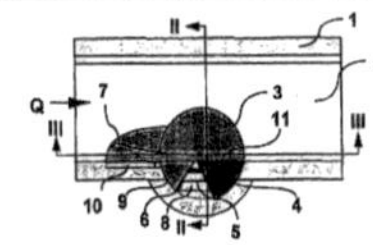 WO9854496A1 - Fluid-activatable shut-off device [Eielsen 1998]	keine relevanten Suchergebnisse
III	Permanentmagnet		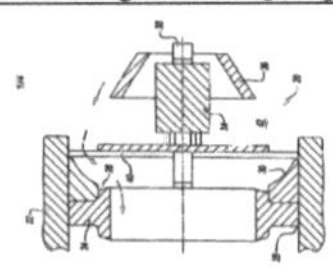 WO03002896A2 - Improved Excess Flow Valve [Glover et al. 2003]	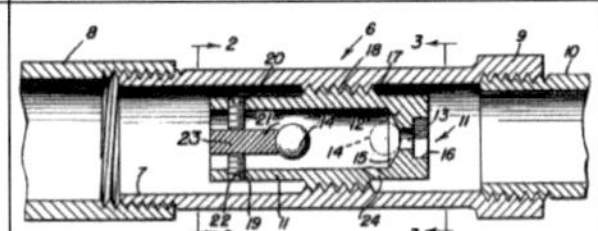 US2569316 - Differential pressure closed safety valve [Jerman 1951]	keine relevanten Suchergebnisse	keine relevanten Suchergebnisse
IV	Elastische Elemente/Aufhängung	**a)** monostabil	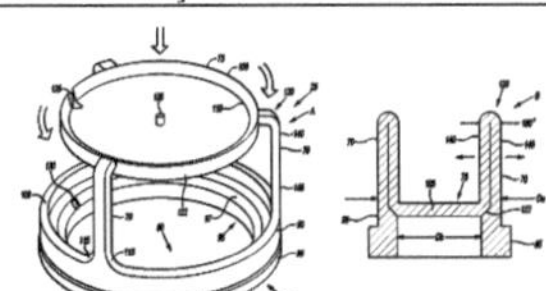 US8640733B1 - Excess flow cartridge [Lenn 2014]	keine relevanten Suchergebnisse	keine relevanten Suchergebnisse	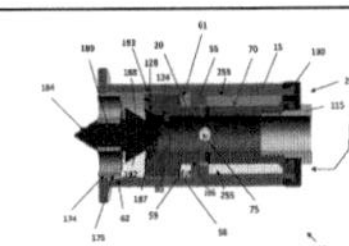 WO2014120996A1 - Flow check valve assembly and method [Crompton & Dias 2014]
		b) bistabil	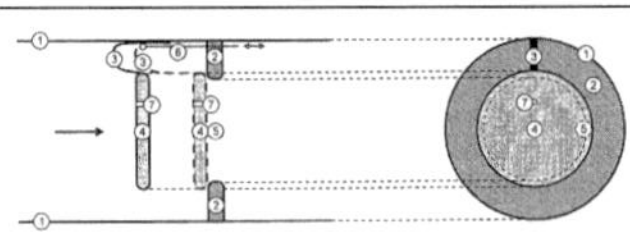 WO2008061993A1 – Sicherheitsabsperrvorrichtung [Berger et al. 2008]			keine relevanten Suchergebnisse

2.2.2. Bistabile Ventile mit nachgiebigen Elementen

Ventile, die ein bistabiles Schaltverhalten aufweisen und über nachgiebige Elemente verfügen, sind in den unterschiedlichsten Anwendungsfeldern anzutreffen, beispielsweise in der Medizintechnik zur Dosierung von Medikamenten [Gross 1998], im Lebensmittelbereich als wiederverschließbare Ventile für Getränkebehälter [Olechowski et al. 2003; Dachselt & Nebel 2010], im Haushaltsgerätebereich zum Dosieren von Zusatzstoffen bei Dampfbügeleisen [Amsel 2002] oder zur Kühlluftsteuerung in Kühlschränken [Biasiotto et al. 2007] sowie zur Fluidsteuerung im Pneumatikbereich [Frisch 2002; Hogel 1973]. Eine Vielzahl an Lösungen existiert auch im Mikrobereich. Hier sind beispielsweise [Stoll & Schleth 1998], [Biegelsen et al. 1998], [Accoto et al. 2006] oder [Goll et al. 1997] zu nennen. Da sich die im Mikrobereich vorgeschlagenen Lösungen aufgrund der verwendeten Werkstoffe (Glas, Silizium, Resin) und Herstellverfahren nicht beliebig in den Makrobereich skalieren lassen, werden diese Lösungen nicht näher betrachtet.

Im Gegensatz zu den im vorangegangenen Abschnitt gezeigten passiv betätigten Sicherheitsventilen ist für die Ventile zur Dosierung oder Steuerung von Fluiden zumeist eine aktive Betätigung vorgesehen. Dabei werden überwiegend elektromagnetische Aktoren [Biegelsen et al. 1998], Piezoaktoren [Maichl et al. 2003], Formgedächtnisaktoren [Biasiotto et al. 2007] oder Heiz- bzw. Kühlelemente [Goll et al. 1997] eingesetzt. Aufgrund des bistabilen Schaltverhaltens wird nur für das Umschalten von einer Ventilstellung in die andere Ventilstellung Energie benötigt.

Für die Realisierung des bistabilen Schaltverhaltens kommen bei einer Vielzahl der recherchierten Lösungen Membranen [Biasiotto et al. 2007] oder Tellerfedern [Frisch 2002] als nachgiebige Elemente zum Einsatz. Der bistabile Charakter wird dabei durch die Formgebung oder durch ein Vorspannen der nachgiebigen Elemente erreicht. Ein wesentlicher Nachteil bei diesen Lösungen besteht darin, dass die erreichbaren Ventilwege vergleichsweise gering sind, anderenfalls sind größere Durchmesser der Membran/Tellerfedern erforderlich. Zum Erreichen größerer Ventilwege werden vorzugsweise blattfederähnliche Aufhängungselemente vorgeschlagen. In den Lösungen nach [Welborn 1955] und [Fahrenbach et al. 2004] werden dazu radial angeordnete gekrümmte Federelemente verwendet (Abbildung 2.5 und Abbildung 2.6). Diese sind – im Gegensatz zu dem neuartigen Sicherheitsventil – nicht fest eingespannt, sondern drehbar am Verschlusskörper bzw. Gehäuse angebunden.

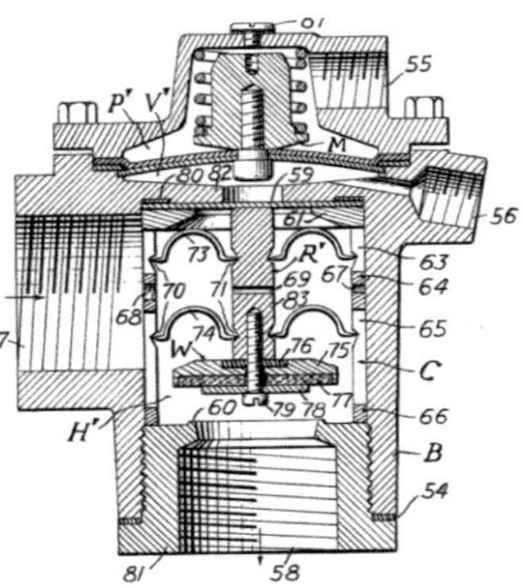

Abbildung 2.5: Impact type snap acting shut-off valve (US2712427) [Welborn 1955]

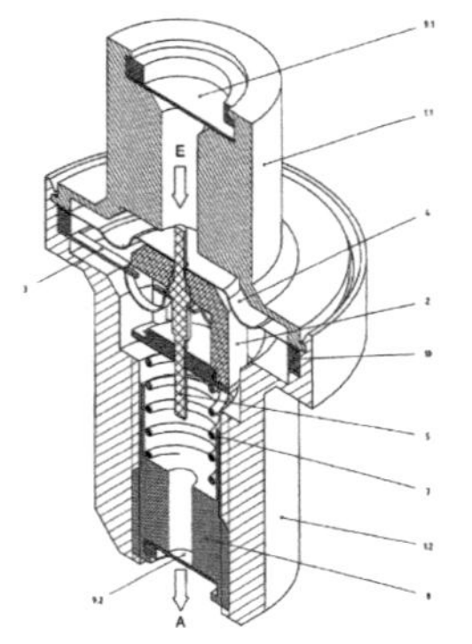

Abbildung 2.6: Bistabiles Ventil (EP1164324B1) [Fahrenbach et al. 2004]

Eine weitere Lösung [Moorhead 1950] beschreibt ein Federelement (z. B. auch für Ventilanwendungen), das über zwei nachgiebige spiralförmige Abschnitte verfügt (Abbildung 2.7). Das bistabile Verhalten wird durch das Einbringen einer Krümmung in das Federelement realisiert. Eine Abgrenzung dieser Lösung wird aufgrund der Gestalt der nachgiebigen Abschnitte und den zugehörigen Randbedingungen der Einspannung gesehen.

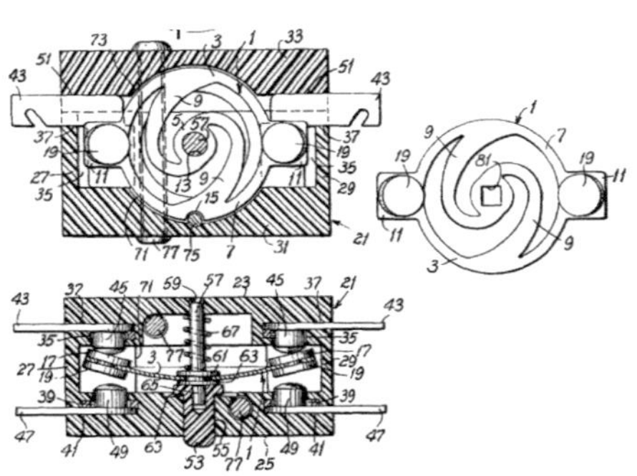

Abbildung 2.7: Snap switch and snap-acting element (US2516236) [Moorhead 1950]

Zuletzt sind die beiden Patente von [Sidney P. Vaughn 1935] und [Foshansky 2010] aufzuführen. Das erstgenannte Patent beschreibt verschiedene Möglichkeiten zur Realisierung von Federelementen mit durchschlagender und auch bistabiler Schaltcharakteristik. Solche Federelemente werden unter anderem für den Einsatz in

Ventilen vorgeschlagen. Eine Ausführungsform sieht dabei ein Federelement mit vier blattfederähnlichen Abschnitten vor, die sich zentrisch gegeneinander abstützen (Abbildung 2.8). Das Federelement weist eine kegelförmige Gestalt auf, die ebenfalls durch das Einbringen einer Krümmung erreicht wird. In der zweiten Patentbeschreibung wird keine Festlegung zur Anzahl der verwendeten blattfederähnlichen Abschnitte (Abbildung 2.9) getroffen. Bei den beiden aufgeführten Lösungen wird eine Abgrenzung darin gesehen, dass andere Randbedingungen für die Einspannung verwendet werden und zudem kein Vorspannen der Aufhängungselemente erfolgt.

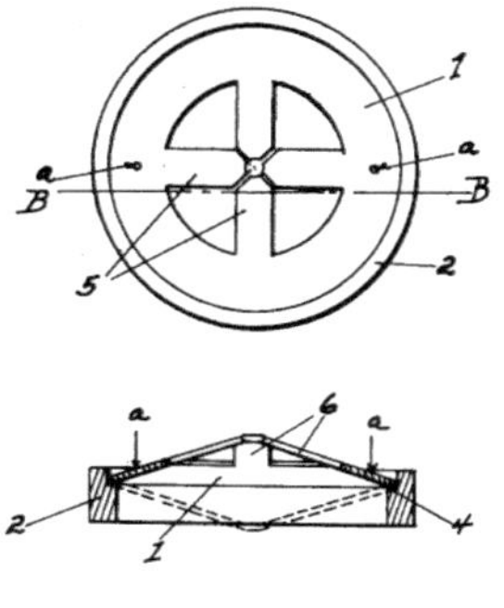

Abbildung 2.8: Snap action device (US1988345) [Sidney P. Vaughn 1935]

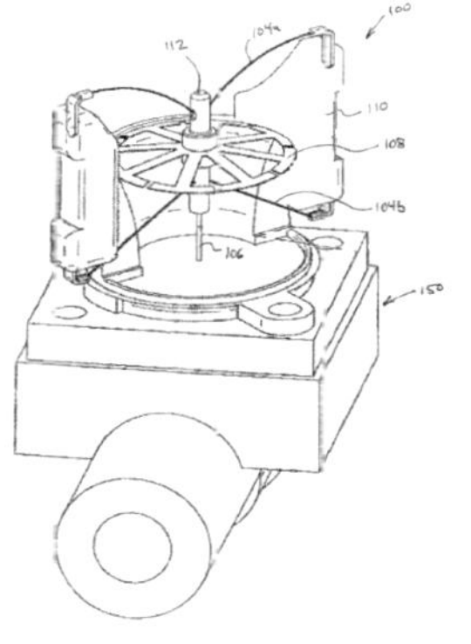

Abbildung 2.9: Multi-stable actuation apparatus and methods for making and using the same (WO2010019626A1) [Foshansky 2010]

2.3. Stand der Forschung

Im nachfolgenden Abschnitt wird der Stand der Forschung näher betrachtet. Da sich die vorliegende Arbeit maßgeblich mit Problemen der Elastostatik auseinandersetzt, erfolgt zunächst ein kompakter geschichtlicher Abriss zur Entwicklung der Theorie der Elastostatik. Anschließend folgen Ausführungen zu Stabilitätsproblemen und aktuellen Forschungsarbeiten.

2.3.1. Historischer Abriss zur Theorie der Elastostatik

Die Entwicklungsgeschichte der Elastostatik hat ihren Ursprung Ende des 16. Jahrhunderts und ist untrennbar mit der Geschichte der Mechanik der Materialien verbunden. Zur damaligen Zeit waren Stein und Holz die vorherrschenden Baumaterialien und es galt die Anschauung, dass solche Festkörper keinerlei elastische Eigenschaften besitzen.

Die ersten wissenschaftlichen Untersuchungen zu den Belastungsgrenzen von Festkörpern gehen auf GALILEO (1564-1642) zurück. Dieser konnte, anhand von Untersuchungen an einseitig eingespannten Balken, erstmals grundlegende Zusammenhänge zwischen den Querschnittsabmessungen von Strukturen und den daraus resultierenden Belastungsgrenzen herstellen. Sein 1638 erschienenes Buch *„Two New Sciences“* gilt als Startpunkt der Geschichte der Elastostatik.

Robert HOOKE (1635-1703) beschäftigte sich ab Mitte des 17. Jahrhunderts mit der experimentellen Untersuchung von Federn und legte mit der Formulierung des HOOKE‘schen Gesetzes (1660) einen Grundstein für die spätere Entwicklung der Elastizitätstheorie. Seine 1678 veröffentlichten Ergebnisse *„De Potentia Restitutiva“* oder *„Of Springs“* gelten als die ersten Publikationen, in denen die elastischen Eigenschaften von Materialien diskutiert werden. Ebenso wie GALILEO beschäftigte sich auch MARRIOTTE (1620-1684) mit der Biegung von Balken. MARRIOTTE konnte 1680 anhand von Experimenten nachweisen, dass die von GALILEO ermittelten Belastungsgrenzen deutlich über den tatsächlichen Belastungsgrenzen liegen. Außerdem erkannte er, wie später auch PARENT (1666-1716), dass bei der Biegung eine Hälfte des Balkens gedehnt, die andere Hälfte des Balkens gestaucht wird und sich somit die Lage der Drehachse (GALILEO’s Problem) auf halber Höhe des Querschnitts befinden muss. Anhand dieser Erkenntnisse entwickelte MARRIOTTE eine eigene Biegetheorie unter Berücksichtigung elastischer Materialeigenschaften.

Mit der Entwicklung der Infinitesimalrechnung stand gegen Ende des 17. Jahrhunderts ein neues mathematisches Werkzeug zur Verfügung. Im Gegensatz zu GALILEO und MARRIOTTE untersuchte Jacob BERNOULLI (1654-1705) nicht die Belastungsgrenze von Balken, sondern berechnete deren Durchbiegung, indem er dazu ein kleines Balkenelement in der verformten Lage betrachtete. BERNOULLI erkannte die Proportionalität zwischen der Durchbiegung des Balkens und dem an dieser Stelle wirkenden Biegemoment.

Zu Beginn des 18. Jahrhunderts wurden zunehmend größere Tragwerke in Holzbauweise erstellt und die sichere Dimensionierung solcher Konstrukte rückte immer weiter in den

Vordergrund. Dadurch erfuhr die Berechnung elastomechanischer Probleme einen erheblichen Aufschwung. Einen wichtigen Beitrag zur Theorie der Elastostatik leistete Leonhard EULER (1707-1783). Er untersuchte die Gestalt von Verformungskurven, die sich für schlanke elastische Stäbe unter verschiedenen Belastungsbedingungen einstellen. Mit der Unterstützung von Daniel BERNOULLI entwickelte EULER die ursprüngliche Differentialgleichung der Biegelinie [Timoshenko 1953]. 1744 veröffentlichte EULER die grundlegenden Ergebnisse seiner Untersuchungen in dem bedeutenden Werk *„Methodus inveniendi lineas curvas maximi minimive proprietate gaudentes“* [1]. In diesem Zusammenhang wurde erstmalig die Lösung von Problemen der elastischen Instabilitäten erwähnt. EULER liefert dazu eine Gleichung zur Berechnung der kritischen Kraft, bei der ein einseitig eingespannter Stab unter Druckbelastung seitlich ausknickt.

Neben den genannten Persönlichkeiten sind weitere bedeutende Namen, wie z. B. LAGRANGE (1736-1813), COULOMB (1736-1806) oder NAVIER (1785-1836), zu nennen. NAVIER gilt als der Erste, der eine Methode zur Analyse statisch unbestimmter Probleme entwickelt hat. Dabei berücksichtigte er die Elastizität der Struktur und konnte damit bereits auch gekrümmte Stäbe berechnen. Weitere bedeutende Fortschritte bei der Entwicklung der Elastizitätstheorie gehen auf die Arbeiten von YOUNG (1773-1829), CAUCHY (1789-1857), POISSON (1781-1840), GREEN (1793-1841) und SAINT-VENANT (1797-1886) zurück. Während YOUNG den Begriff des Elastizitätsmoduls maßgeblich prägte, führte CAUCHY den Ansatz der mechanischen Spannungen in der Elastizitätstheorie ein. POISSON formulierte erstmals einen Zusammenhang zwischen Dehnung und Querkontraktion bei zugbelasteten Stäben. SAINT-VENANT entwickelte eine mathematische Elastizitätstheorie und untersuchte erstmalig die Veränderung des Querschnittes von Biegebalken.

Die Theorie der Elastostatik erfuhr insbesondere im 19. Jahrhundert große Fortschritte. Diese Entwicklung ist in der Mitte des 19. Jahrhundert eng mit der Erfindung der Eisenbahn und dem zunehmenden Einsatz von Stahl als Konstruktionsmaterial verknüpft. Der Einsatz von Stahl brachte nun vergleichsweise schlanke Strukturen hervor. Das Problem des Knickens solcher druckbelasteten Strukturen gewinnt zunehmend an praktischer Bedeutung, Stabilitätsprobleme rücken mehr und mehr in den Fokus.

In diesem Zusammenhang konnte DULEAU (1789-1832) mit seinen Druckversuchen an Eisenstäben zeigen, dass EULER's Berechnungsgleichung für die kritische Knickkraft

[1] Eine kommentierte Übersetzung vom Lateinischen ins Englische erfolgte durch Oldfather et al. [1933].

ausreichend genaue Ergebnisse liefert. Er stellte jedoch dabei fest, dass die Gleichung nur für sehr schlanke Stäbe gültig ist, hingegen für die Tragwerkstrukturen, beispielsweise von Brücken, zu große Kräfte liefert. LAMARLE war 1846 der Erste, der eine definierte Grenze für die Anwendbarkeit von EULER's Formel für die kritische Kraft einführte. Er berechnete anhand des Schlankheitsgrades der untersuchten Struktur eine kritische Spannung und formulierte, dass diese Spannung innerhalb der Elastizitätsgrenze des Materials liegen muss.

Anfang des 20. Jahrhunderts, mit der Entwicklung neuer hochfester Materialien und Legierungen, gewannen Stabilitätsprobleme der Elastostatik immer weiter an praktischer Bedeutung, beispielsweise im Bereich Schiffsbau, Luftfahrt oder Architektur (Betrachtung von Platten und Schalen). Die Lösung der Differentialgleichungen für solche komplexen Probleme bereitete große Schwierigkeiten. TIMOSHENKO (1878-1972) entwickelte in diesem Zusammenhang eine Methode, bei der die Energie des Systems betrachtet wird. Die Untersuchung von Stabilitätsproblemen der Elastostatik gewinnt auch im Laufe des 20. Jahrhunderts weiter an Bedeutung. In diesem Kontext sind Namen wie HULBRINK, MAYER (gekrümmte druckbelastete Stäbe), PFLÜGER (Stabilität von Platten und Schalen), LEIPHOLZ (Elastizitätstheorie), FLÜGGE (Statik und Dynamik der Schalen) oder SVETLITSKY (1927-2011) zu nennen.

Abschließend ist zu sagen, dass die dargestellte geschichtliche Entwicklung keinen vollständigen Überblick vermitteln kann. Die Recherche basiert auf den Werken von [Love 1892] und [Timoshenko 1953]. Für eine umfangreiche und detaillierte Darstellung der geschichtlichen Hintergründe soll an dieser Stelle auf diese Werke verwiesen werden.

2.3.2. Stabilitätsprobleme in der Elastostatik

Der Begriff *Stabilität* kann in Anlehnung an [Timoshenko & Gere 1961] am Beispiel der rollenden Kugel unter dem Einfluss der Schwerkraft beschrieben werden (Abbildung 2.10). Im Fall a) wird die Kugel infolge einer äußeren Kraft aus der Ruhelage (Tiefpunkt der Bahn) ausgelenkt und kehrt nach Verschwinden der äußeren Kraft wieder in die Ausgangslage zurück. Somit stellt der Tiefpunkt der Bahn eine *stabile Gleichgewichtslage* dar.

Im Fall b) befindet sich die Kugel in einem (lokalen) Hochpunkt der Bahn. Bereits eine geringe äußere Kraft reicht aus, um die Kugel in eine benachbarte Lage zu bringen.

Aufgrund der Schwerkraft entfernt sich Kugel immer weiter von der Ausgangslage. Eine solche Ausgangslage wird als *instabile Gleichgewichtslage* bezeichnet.
Im Fall c) ist die Unterlage, auf der sich die Kugel befindet, eben und senkrecht zur Schwerkraft ausgerichtet. Infolge einer äußeren Kraft wird die Kugel in eine benachbarte Lage gebracht und verbleibt auch nach Verschwinden der äußeren Kraft in dieser Lage. Derartige Gleichgewichtslagen werden als *indifferente Gleichgewichtslagen* bezeichnet [Pflüger 1975].

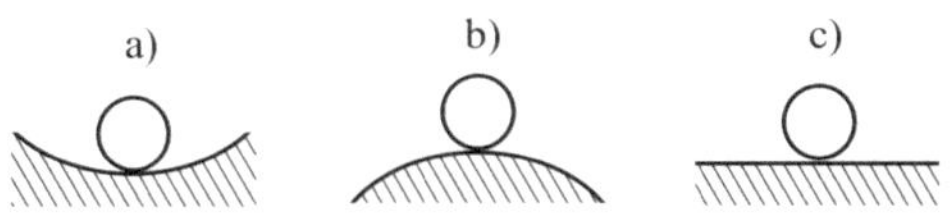

Abbildung 2.10: Beispiele für stabile (a), instabile (b) und indifferente (c) Gleichgewichtslagen [Timoshenko & Gere 1961]

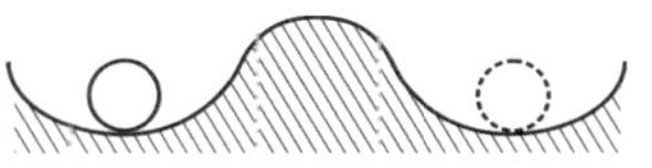

Abbildung 2.11: Erweitertes Beispiel mit Mehrdeutigkeit

Mehrdeutigkeit von Stabilitätsproblemen
Das vorangegangene Beispiel wird nun so erweitert, dass sich im Bahnverlauf Tiefpunkte und Hochpunkte abwechseln (Abbildung 2.11). Daran ist zu erkennen, dass zwei stabile Gleichgewichtslagen (Tiefpunkte) immer durch eine instabile Gleichgewichtslage (Hochpunkt) voneinander getrennt sind. An diesem Beispiel zeigt sich zudem, dass es sich um eine mehrdeutige Problemstellung handelt. Ohne äußere Kraft existieren zwei mögliche stabile Gleichgewichtslagen, die sich in den Tiefpunkten der Bahn befinden.

In der Elastostatik werden solche mehrdeutigen Zusammenhänge zwischen der Belastung einer Struktur und des daraus resultierenden Verformungszustandes als *Stabilitätsproblem* bezeichnet. Nach [Pflüger 1975] kann die Mehrdeutigkeit auf verschiedene Weise zu Stande kommen, beispielsweise indem die Kraft-Verschiebungs-Kennlinie einen Extremwert aufweist (Durchschlagproblem). [Pflüger 1975] beschreibt diesen Fall am Beispiel zweier gelenkig verbundener Druckstäbe. In Abbildung 2.12 sind dazu zwei mögliche Konfigurationen dargestellt. Links befinden sind die Druckstäbe in einer nach oben gerichteten Konfiguration, rechts in einer spiegelbildlichen, nach unten gerichteten Konfiguration. Die durchgängig dargestellten Lagen der Druckstäbe entsprechen den stabilen Gleichgewichtslagen für $F = 0$. Die in der linken Konfiguration gestrichelt dargestellte Lage ist instabil. Bei ausreichend großer Kraft F geht das System sprunghaft von einer Konfiguration in die andere Konfiguration über (Durchschlag). In der rechten Konfiguration ist noch einmal die Mehrdeutigkeit des Stabilitätsproblems aufgezeigt. Unter Einwirkung der Kraft *F* wird das System nach unten ausgelenkt (gestrichelte Linie). Im Vergleich zur linken Konfiguration stellen sich für gleiche äußere Lasten *F* unterschiedliche Gleichgewichtslagen ein.

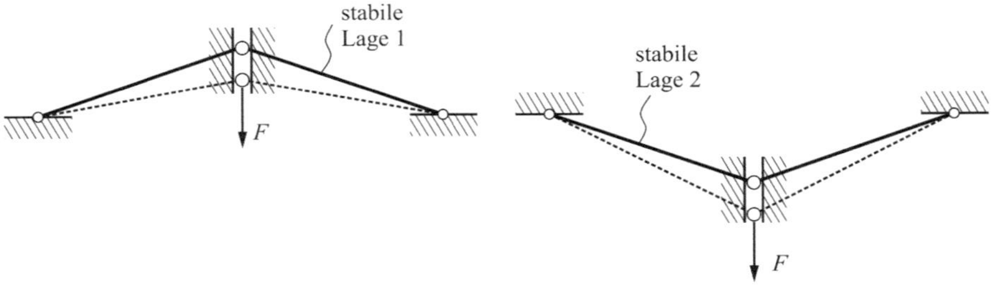

Abbildung 2.12: Durchschlagproblem am Beispiel zweier gelenkig verbundener Druckstäbe [Pflüger 1975]

Mehrdeutigkeiten treten auch dann auf, wenn es im Verlauf der Kraft-Verschiebungs-Kennlinie zu Verzweigungen kommt. Als Beispiel ist hierzu der druckbelastete Knickstab zu nennen (EULER'sche Knickfälle). Auf Verzweigungsprobleme wird im Rahmen dieser Arbeit nicht eingegangen.

2.3.3. Lösung von Stabilitätsproblemen

Nachfolgend wird ein kompakter Überblick zur Lösung von Stabilitätsproblemen gegeben. Die Herangehensweise bei der Lösung von Stabilitätsproblemen ist in erster Linie davon abhängig, welches Ergebnis angestrebt wird. Sind beispielsweise die kritischen Kräfte von Interesse (Kraft im Durchschlagpunkt oder Verzweigungspunkt), so können oftmals vereinfachte Lösungsansätze gewählt werden. Wenn hingegen der Verformungszustand nach Überschreiten der kritischen Kraft ermittelt werden soll, dann sind Vereinfachungen meist nicht mehr zulässig. Nach [Pflüger 1975] ist die klassische Elastizitätstheorie für die Lösung von Stabilitätsproblemen ungeeignet[2]. Die klassische Elastizitätstheorie wird am unverformten System formuliert und gilt im Allgemeinen nur für infinitesimal kleine Verformungen. Als Ergebnis liefert die klassische Theorie die Tangente an die (exakte) Kraft-Verformungs-Kennlinie im Nullpunkt und beschreibt damit einen linearen

[2] Eine Ausnahme bildet die Lösung von statisch bestimmten Stabilitätsproblemen.

Zusammenhang zwischen der Belastung und der daraus resultierenden Verformung. Für kleine Verformungen kann die klassische Theorie daher nur als Näherung der exakten Lösung verstanden werden.

Bei der Untersuchung von Durchschlag- oder Verzweigungsproblemen werden große Verformungen betrachtet. Infolge der großen Verformungen muss eine exakte Formulierung der Gleichgewichtsbedingungen am verformten System erfolgen. Dadurch ergibt sich ein nichtlinearer Zusammenhang zwischen der Belastung und der resultierenden Verformung. Aufgrund der großen Verformungen dürfen zudem wichtige Methoden der Statik nicht mehr angewendet werden[3].

Zur Lösung von Stabilitätsproblemen verbleiben somit zwei grundlegende Verfahren, die in der Literatur unter den Begriffen *Gleichgewichtsmethode* und *Energiemethode* bekannt sind [Pflüger 1975]. Die genannten Methoden sind jeweils als Oberbegriffe für verschiedene Lösungsverfahren zu verstehen, je nachdem ob das System im Gleichgewicht von äußeren Belastungen und Lagerreaktionen betrachtet wird oder ob das System hinsichtlich der inneren Energien und äußeren Arbeiten analysiert wird. Bei der Energiemethode wird die Formänderungsenergie des Systems unter Berücksichtigung des Energieerhaltungssatzes betrachtet. Das bedeutet, dass die Arbeit, die durch die äußeren Kräfte verrichtet wird, um das System in einen definierten Verformungszustand zu überführen, als Formänderungsenergie im System gespeichert wird. [Pflüger 1975] demonstriert die Lösung mit dem *Prinzip der virtuellen Verrückungen* oder dem *Prinzip der stationären potentiellen Energie*. Ersteres besagt, dass für ein System im Gleichgewichtszustand bei Variation des Verformungszustandes die Summe der virtuellen Arbeiten der inneren und äußeren Kräfte gleich Null ist. Anders formuliert bedeutet das, dass ein System im Gleichgewicht eine infinitesimal nahe benachbarte Verformungslage einnehmen kann, ohne dass dem System dazu Energie zugeführt werden muss.

Ein ähnlicher Ansatz wird von [Timoshenko & Gere 1961] beschrieben. Dabei wird der unbekannte Verformungszustand des Systems dadurch approximiert, dass für den unbekannten Zustand ein anderer bereits bekannter Verformungszustand angenommen wird. Der Belastungsfall für den bekannten Verformungszustand muss dabei nicht mit dem des unbekannten Verformungszustandes übereinstimmen. Entscheidend ist allein, dass die Verformungsrandbedingungen beider Zustände eine möglichst gute Übereinstimmung

[3] Zahlreiche wichtige Methoden der Statik gelten nur für die klassische Elastizitätstheorie, z. B. das Superpositionsprinzip oder der Reziprozitätssatz von MAXWELL und BETTI.

aufweisen. Da für den bekannten Verformungszustand die innere Energie bekannt ist, kann durch die Gleichheit der inneren Energie und der Arbeit der äußeren Belastungen beispielsweise die kritische Last in guter Näherung ermittelt werden.

Ein anderer Ansatz von [Timoshenko & Gere 1961] besteht darin, dass der unbekannte Verformungszustand durch eine mathematische Reihenentwicklung beschrieben wird. Die Parameterwerte der Reihe werden dann so gewählt, dass sich ein Minimum für die äußere Belastung einstellt.

Unabhängig davon, ob Gleichgewichtsmethoden oder Energiemethoden angewendet werden, führt die Lösung von Stabilitätsproblemen oft zu mathematischen Problemstellungen, die eine numerische Lösung erfordern. In diesem Zusammenhang wird vorgeschlagen [Pflüger 1975], insbesondere bei komplexen Aufgabenstellungen beide Methoden zu kombinieren und die Ergebnisse gegeneinander abzugleichen und zu überprüfen. Energiemethoden sind nicht Gegenstand dieser Arbeit und werden daher nicht näher betrachtet. Für weiterführende Literatur wird auf [Pflüger 1975] oder [Timoshenko & Gere 1961] verwiesen. Zur Anwendung der Gleichgewichtsmethoden wird an dieser Stelle auf die Ausführungen zur Linearen und Nichtlinearen Theorie in Abschnitt 3.2 verwiesen.

2.3.4. Aktuelle Forschungsarbeiten

Durch die rapide Entwicklung und den uneingeschränkten Zugang zur Rechentechnik in den vergangenen Jahrzehnten ist die Behandlung von Stabilitätsproblemen der Elastostatik heute aktueller denn je. Das zeigen auch zahlreiche Veröffentlichungen der vergangenen Jahre. [Vangbo 1998] betrachtet beispielsweise das Durchschlagverhalten vorgespannter Stäbe. Dabei werden die Unterschiede herausgearbeitet, die sich mit und ohne Berücksichtigung der Kompression des Stabes ergeben. Bei Vernachlässigung der Kompression treten erhebliche Unterschiede in der Durchschlagcharakteristik auf, daher wird insbesondere für praktische Anwendungen das kompensierte Modell empfohlen.

[Rossiter et al. 2006] zeigt am Beispiel des beidseitig eingespannten und vorgespannten Balkens, wie ein energiearmer Übergang von einer Biegemode zu einer anderen Biegemode erfolgen kann. Dazu werden definierte Balkenabschnitte durch Biegeaktuatoren gezielt verformt.

Eine weitere Arbeit beschäftigt sich mit der Modellierung und experimentellen Validierung von bistabilen Mechanismen [Cazottes et al. 2009]. Es werden dabei die

Auswirkungen unterschiedlicher Angriffspunkte der Belastung auf die resultierenden Biegemoden untersucht. Nicht zuletzt wird durch die Untersuchungen von [Qiu et al. 2001] aufgezeigt, dass Stabilitätsprobleme auch im Bereich der Mikrotechnologie von Interesse sind.

Zum Abschluss soll noch auf [Henein 2003] hingewiesen werden. Darin werden zahlreiche Konzepte für Führungsmechanismen auf der Basis nachgiebiger Elemente vorgestellt.

3. Modellbildung

Das Schaltverhalten des in Abschnitt 2.1 vorgestellten Sicherheitsventils wird durch die Kraft-Verschiebungs-Kennlinie (nachfolgend KVK) der nachgiebigen Aufhängung des Verschlusskörpers bestimmt. Für die Auslegung von Sicherheitsventilen muss demnach das Schaltverhalten gezielt eingestellt werden. Dazu ist ein geeignetes Berechnungsmodell zur Dimensionierung der nachgiebigen Aufhängungselemente erforderlich.
In den nachfolgenden Ausführungen werden verschiedene mechanische Modelle zur Beschreibung der nachgiebigen Aufhängung vorgestellt und untersucht. Es werden in diesem Zusammenhang zwei analytische Lösungsansätze betrachtet. Im letzten Abschnitt des Kapitels wird ein Simulationsmodell zur Ermittlung der KVK mit Hilfe der *Finite Elemente Methode* (FEM) vorgestellt und der Ablauf der Simulationen erläutert.

3.1. Herleitung eines Modells für die nachgiebige Aufhängung

In Abbildung 3.1 ist ein Modell der nachgiebigen Aufhängung des Verschlusskörpers für das neuartige Sicherheitsventil dargestellt. An dem scheibenförmigen Verschlusskörper sind drei nachgiebige Aufhängungselemente gleichmäßig über den Umfang verteilt angebracht. Die nachgiebigen Aufhängungselemente besitzen eine blattfederähnliche Gestalt und befinden sich in einem vorgespannten Zustand (Abschnitt 2.1.3). Es gelten folgende Annahmen:

1. Die nachgiebigen Aufhängungselemente sind untereinander vollkommen identisch (Geometrie, Materialverhalten) und unterliegen den gleichen Randbedingungen (Freiheitsgrad der Einspannstelle, Koppelstelle zwischen Verschlusskörper und Aufhängungselement).
2. Der Verschlusskörper wird als Starrkörper betrachtet.
3. Die Gewichtskräfte der Aufhängungselemente und des Verschlusskörpers werden vernachlässigt.

Aufgrund der Nachgiebigkeit der Aufhängungselemente kann der Verschlusskörper infolge einer äußeren Kraft von einer stabilen Lage 1 in eine spiegelsymmetrische stabile Lage 2 (gestrichelte Darstellung) übergehen. Der Verschlusskörper besitzt drei translatorische Bewegungsmöglichkeiten (u_x, u_y, u_z). Zusätzliche Bewegungsmöglichkeiten ergeben sich durch Rotationen (rot$x$, rot$y$, rot$z$) bezüglich der drei Koordinatenachsen.

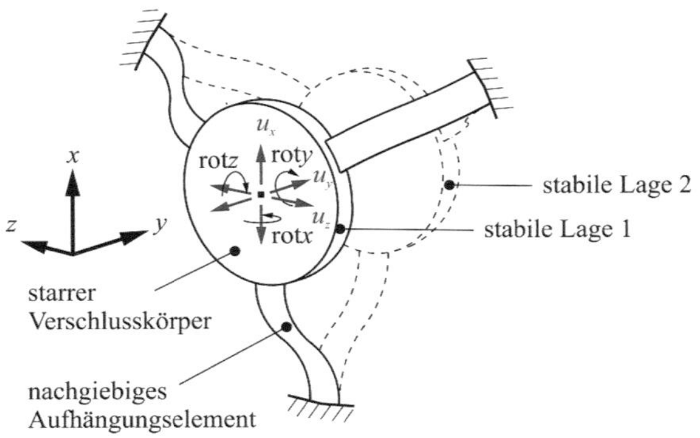

Abbildung 3.1: Modell der nachgiebigen Aufhängung des Verschlusskörpers

Für eine grundlegende Untersuchung des Schaltverhaltens des neuartigen Sicherheitsventils ist die KVK der nachgiebigen Aufhängung des Verschlusskörpers von besonderem Interesse. Diese ergibt sich aus der Überlagerung (Addition) der KVK der drei Aufhängungselemente. In dem Modell in Abbildung 3.1 sind die beiden stabilen Lagen 1 und 2 des Verschlusskörpers dargestellt. Die Lage des Verschlusskörpers[4] wird dabei durch die drei Verschiebungen u_x, u_y, u_z und die drei Rotationen rot$x$, rot$y$, rot$z$ beschrieben. Für das betrachtete Modell wird vorausgesetzt, dass außer den beiden stabilen Lagen 1 und 2 keine weiteren stabilen Zwischenlagen existieren. Aufgrund des Freiheitsgrades des Verschlusskörpers kann dessen Bewegung, beim Übergang von der stabilen Lage 1 in die stabile Lage 2, theoretisch auf unendlich vielen verschiedenen Bewegungspfaden[5] erfolgen. Zu jedem Bewegungspfad existiert dann eine zugehörige Kraft-Verschiebungs-Kennlinie. An dieser Stelle muss zunächst davon ausgegangen werden, dass sich die Kraft-Verschiebungs-Kennlinien für unterschiedliche Bewegungspfade voneinander unterscheiden.

Aus dieser Annahme leitet sich ab, dass die Schaltcharakteristik für das zu untersuchende Sicherheitsventil nicht eindeutig ist, sondern vom jeweiligen betrachteten Bewegungspfad

---

[4] Als Referenzpunkt für die Lage des Verschlusskörpers wird der Mittelpunkt des Verschlusskörpers betrachtet.

[5] Als Bewegungspfad soll die gedankliche Verbindung der Mittelpunkte des Verschlusskörpers für unendlich dicht aufeinanderfolgende Zwischenlagen verstanden werden.

abhängt. Diese These wird im Rahmen der Arbeit nicht näher untersucht. Vielmehr wird das Modell durch die nachfolgenden zusätzlichen Modellannahmen modifiziert, so dass nur noch ein einziger Bewegungspfad betrachtet wird:

4. Die rotatorischen Bewegungsmöglichkeiten des Verschlusskörpers werden vernachlässigt.
5. Die translatorischen Freiheiten in x- und z-Richtung werden gesperrt.

Die Legitimierung für die Formulierung dieser zusätzlichen Modellannahmen ist dadurch gegeben, dass ein Verdrehen bzw. Verkippen des Verschlusskörpers im Hinblick auf die Dichtfunktion des Sicherheitsventils unerwünscht ist. Die Dichtigkeit des Sicherheitsventils wird erreicht, indem der Verschlusskörper die Öffnung im Ventilsitz verschließt. Ein Verdrehen oder Verkippen des Verschlusskörpers wird sich somit negativ auf die Dichtfunktion auswirken und wird daher an dieser Stelle nicht betrachtet. Ebenso unerwünscht sind translatorische Bewegungen des Verschlusskörpers in x- und z-Richtung, die im Vergleich zu der Bewegungsmöglichkeit in y-Richtung ohnehin um mehrere Größenordnungen kleiner sind und daher vernachlässigt werden. Auf das Verkippen des Verschlusskörpers und dessen praktische Bedeutung wird in Abschnitt 6.3 eingegangen.

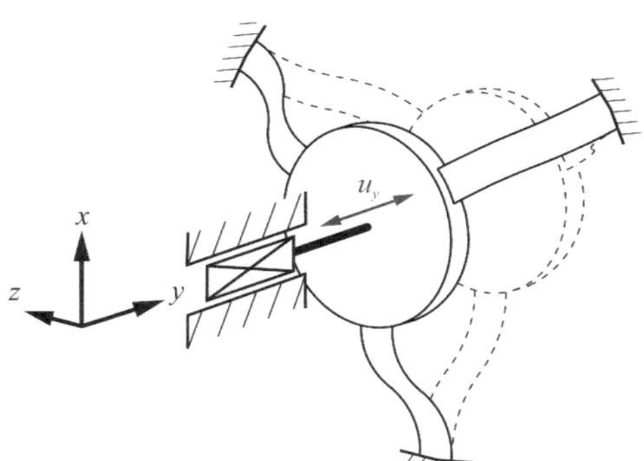

Abbildung 3.2: Modifiziertes Modell der nachgiebigen Aufhängung
Die rotatorischen Freiheiten sowie die translatorischen Freiheiten in x- und z-Richtung sind durch eine Linearführung des Verschlusskörpers mit Verdrehsicherung gesperrt.

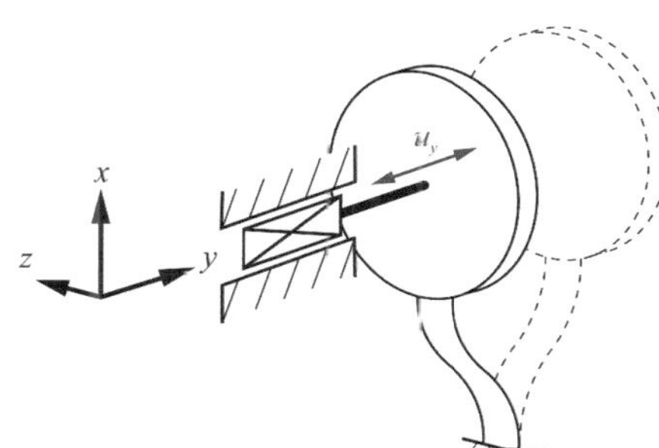

Abbildung 3.3: Drittelmodell der nachgiebigen Aufhängung
Aufgrund der Rotationssymmetrie des modifizierten Modells wird ein einzelnes Aufhängungselement betrachtet.

In dem modifizierten Modell (Abbildung 3.2) sind die zusätzlich eingeführten Randbedingungen auf Basis der getroffenen Annahmen durch eine Linearführung mit Verdrehsicherung realisiert. Durch die zu Anfang getroffene Modellannahme, dass alle nachgiebigen Aufhängungselemente identisch sind und aufgrund der Rotationssymmetrie des modifizierten Modells bezüglich der y-Achse, kann eine weitere Vereinfachung vorgenommen werden. Dazu wird in einem Drittelmodell (Abbildung 3.3) nur noch ein einziges Aufhängungselement betrachtet. In dem Drittelmodell ist zu beachten, dass Kräfte in y-Richtung ebenfalls nur noch für ein einziges Aufhängungselement abgebildet werden. Für Rückschlüsse auf die Kraft-Verschiebungs-Kennlinie der gesamten nachgiebigen Aufhängung müssen die für ein Aufhängungselement ermittelten Kräfte in y-Richtung mit der Anzahl der verwendeten Aufhängungselemente n multipliziert werden. Für das neuartige Sicherheitsventil beträgt $n = 3$.

3.2. Analytische Beschreibung

Die Ermittlung der Kraft-Verschiebungs-Kennlinie für ein nachgiebiges Aufhängungselement anhand des modifizierten Modells aus Abbildung 3.3 führt auf die Lösung eines Biegeproblems. Dabei ist zu berücksichtigen, dass das Systemverhalten gleichzeitig als Stabilitätsproblem zu betrachten ist. In Abschnitt 2.3.2 wurden bereits mögliche Lösungsansätze kurz vorgestellt. In den nachfolgenden Ausführungen wird die Lösung anhand der *Linearen Theorie* und der *Nichtlinearen Theorie* näher untersucht.

3.2.1. Lineare Theorie

Ausgehend von dem modifizierten Modell wird für das Aufhängungselement nachfolgend das Modell des biegebelasteten dünnen Stabes betrachtet (Abbildung 3.4). Die Linearführung des Verschlusskörpers wird freigeschnitten und durch die äußere Kraft F_x sowie das Moment M_z ersetzt. Zusätzlich wird eine äußere Kraft F_y eingeführt, die an dem freigeschnittenen Ende des Stabes angreift. Diese bildet in dem gewählten Modell die auf den Verschlusskörper in axialer Richtung wirkende Kraft ab. Bei der Betrachtung des Biegeproblems wird von einem ebenen Problem ausgegangen.

Es wird im Weiteren vorausgesetzt, dass die nachfolgenden Modellannahmen des EULER-BERNOULLI-Balkens zutreffen:

1. Die auftretenden Verformungen und die Querschnittsabmessungen des Stabes sind klein im Vergleich zur Stablänge.
2. Die Stabquerschnitte bleiben bei der Verformung eben und senkrecht zur Stabachse.
3. Es gilt das Prinzip von SAINT-VENANT.
4. Das Stabmaterial ist isotrop, es gilt das HOOKE'sche Gesetz.

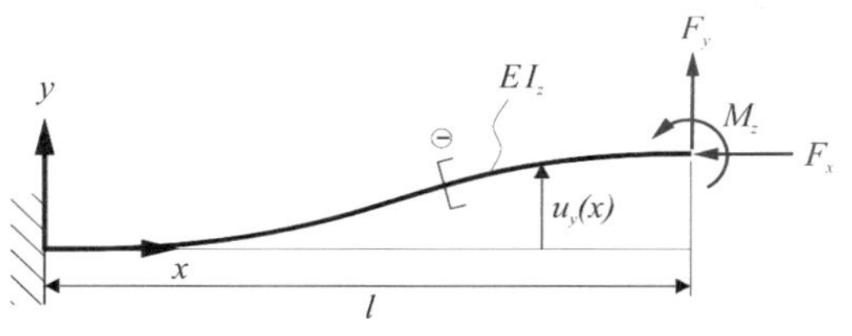

Abbildung 3.4: Modell des biegebelasteten dünnen Stabes (Darstellung in verformter Lage)

Zur Lösung des Biegeproblems wird nachfolgend die Lineare Theorie angewendet. Dabei werden Verformung infolge von Zug/Druck nicht berücksichtigt. Die lineare inhomogene Differentialgleichung zur Beschreibung der elastischen Linie des Biegebalkens [Szabó 1984] lautet:

$$u_y''(x) = \frac{M_{bz}(x)}{E \cdot I_z(x)} \tag{3.1}$$

Für die Ermittlung des Schnittmomentes $M_{bz}(x)$ wird das Momentengleichgewicht am verformten System formuliert. Damit ist aufgrund der Kraft F_x und mit dem aus der Durchbiegung $u_y(x)$ resultierenden Hebelarm ein zusätzliches Biegemoment zu berücksichtigen. Das Momentengleichgewicht am negativen Schnittufer lautet damit:

$$-M_{bz}(x) + F_x \cdot \left[u_y(l) - u_y(x)\right] + F_y \cdot [l - x] + M_z = 0 \tag{3.2}$$

Für die weitere Betrachtung werden die nachfolgenden dimensionslosen Größen eingeführt [Zentner 2014]:

$$\tilde{M} = \frac{M \cdot l}{E \cdot I_z} \qquad \tilde{F} = \frac{F \cdot l^2}{E \cdot I_z} \qquad \tilde{u}_y = \frac{u_y}{l} \qquad \tilde{x} = \frac{x}{l} \qquad \tilde{l} = \frac{l}{l} = 1 \tag{3.3}$$

Die Gleichungen (3.1) und (3.2) lassen sich somit unter Verwendung der dimensionslosen Größen aus (3.3) wie folgt formulieren:

$$\begin{gathered} \tilde{u}_y''(\tilde{x}) = \frac{M_{bz}(x) \cdot l}{E \cdot I_z(x)} = \tilde{M}_{bz}(\tilde{x}) \\ -\tilde{M}_{bz}(\tilde{x}) + \tilde{F}_x \cdot \left[\tilde{u}_y(1) - \tilde{u}_y(\tilde{x})\right] + \tilde{F}_y \cdot [1 - \tilde{x}] + \tilde{M}_z = 0 \end{gathered} \tag{3.4}$$

Aus (3.4) folgt durch Einsetzen und Substitution:

$$\begin{gathered} \tilde{u}_y''(\tilde{x}) + \alpha^2 \cdot \tilde{u}_y(\tilde{x}) = \alpha^2 \cdot \tilde{u}_y(1) + \alpha^2 \cdot k \cdot [1 - \tilde{x}] + \tilde{M}_z \\ \text{mit} \qquad \alpha^2 = \tilde{F}_x \qquad k = \frac{\tilde{F}_y}{\tilde{F}_x} \qquad \text{und} \qquad 0 \le \tilde{x} \le 1 \end{gathered} \tag{3.5}$$

Für die Randbedingungen soll gelten, dass der Stab an beiden Enden keine Verdrehung um die *z*-Achse erfährt. An der Einspannstelle ist die Durchbiegung Null. Somit gilt:

$$\begin{gathered} \tilde{u}_y(0) = 0 \\ \tilde{u}_y'(0) = 0 \\ \tilde{u}_y'(1) = 0 \\ \tilde{u}_y(1) = \tilde{u}_l \end{gathered} \tag{3.6}$$

Die homogene Lösung der Differentialgleichung (3.5) erfolgt mit dem Lösungsansatz $\tilde{u}_y = e^{\lambda \tilde{x}}$ und liefert:

$$\begin{gathered} \lambda^2 e^{\lambda \tilde{x}} + \alpha^2 e^{\lambda \tilde{x}} = 0 \rightarrow \qquad \lambda_1 = i\alpha \qquad \lambda_2 = -i\alpha \\ \tilde{u}_{yH} = C_1 e^{i\alpha\tilde{x}} + C_2 e^{-i\alpha\tilde{x}} = A \cdot \sin\alpha\tilde{x} + B \cdot \cos\alpha\tilde{x} \end{gathered} \tag{3.7}$$

Die partielle Lösung wird mit dem Ansatz $\tilde{u}_{yP} = K_1 \cdot [l-\tilde{x}]^0 + K_2 \cdot [l-\tilde{x}]^1$ ermittelt. Durch Koeffizientenvergleich ergibt sich:

$$\tilde{u}_{yP} = \tilde{u}_l + \frac{\tilde{M}_z}{\alpha^2} + k \cdot [1-\tilde{x}] \tag{3.8}$$

Die Differentialgleichung (3.5) führt schließlich unter Berücksichtigung der Gleichungen (3.6), (3.7) und (3.8) zu folgender Lösung:

$$\begin{aligned} \tilde{u}_l &= -k \cdot \left(1 + \frac{2}{\alpha \cdot \sin(\alpha)} \cdot [\cos(\alpha) - 1]\right) \\ &= -\frac{\tilde{F}_y}{\tilde{F}_x} \cdot \left(1 + \frac{2}{\sqrt{\tilde{F}_x} \cdot \sin\left(\sqrt{\tilde{F}_x}\right)} \cdot \left[\cos\left(\sqrt{\tilde{F}_x}\right) - 1\right]\right) \end{aligned} \tag{3.9}$$

Mit Hilfe der Gleichung (3.9) kann die dimensionslose Durchbiegung $\tilde{u}_l$ des Stabes an der Stelle $\tilde{l}$ in Abhängigkeit der Kräfte $\tilde{F}_x$ und $\tilde{F}_y$ ermittelt werden[6]. Das Moment $\tilde{M}_z$ ist in der Gleichung nicht mehr enthalten.

Diskussion der Lösung

Die ermittelte Lösung nach Gleichung (3.9) soll nachfolgend diskutiert werden. In Diagramm 3.1 ist dazu die Abhängigkeit $\tilde{u}_l\left(\tilde{F}_x, \tilde{F}_y\right)$ mit Hilfe von MATLAB®[7] visualisiert. Es ist zu erkennen, dass der Graph $\tilde{u}_l\left(\tilde{F}_x, \tilde{F}_y\right)$ für $\tilde{F}_x < 5$ zunächst als annähernd parallele Fläche zur $\tilde{F}_x$ - $\tilde{F}_y$ -Ebene beschrieben werden kann. Mit zunehmender Kraft $\tilde{F}_x$ erfolgt dann der Übergang in einen zunehmend steiler ansteigenden bzw. abfallenden Abschnitt. Im Diagramm ist eine durchgehende Linie gekennzeichnet, auf der die exemplarisch ausgewählten Punkte 0, P, Q, R und S markiert sind. Für alle Punkte auf dieser Linie gilt $\tilde{F}_y = 0$. Somit beschreibt die gekennzeichnete Linie eine reine uniaxiale Beanspruchung des Stabes (Zug/Druck). Im Hinblick auf die vorgespannten Aufhängungselemente des Sicherheitsventils ist nachfolgend nur die Druckbeanspruchung des Stabes für $\tilde{F}_x > 0$ von Interesse. Im Punkt 0, für $\left(\tilde{F}_x, \tilde{F}_y\right) = (0,0)$, ist die Durchbiegung $\tilde{u}_l = 0$. Es handelt sich um den unverformten und unbelasteten Ausgangszustand. Ausgehend von diesem Zustand

[6] Gleichung (3.9) liefert eine Lösung unter Verwendung dimensionsloser Größen. Die „Dimensionalisierung" der Lösung erfolgt durch Einsetzen von Gleichung (3.3).

[7] Version 2016a

gelangt man für eine zunehmende Kraft $\tilde{F}_x$ zu den Punkten P, Q, R und S. Auch in diesen Punkten ist die Durchbiegung $\tilde{u}_l = 0$. Wird ausgehend von einem der Punkte P, Q, R, S zusätzlich eine Belastung in y-Richtung betrachtet, so erfolgt der Übergang vom uniaxialen zu einem biaxialen Belastungszustand. Es ist zu erkennen, dass die resultierende Verformung $\tilde{u}_l$ betragsmäßig mit $\tilde{F}_y$ zunimmt. Die Richtung der Verformung $\tilde{u}_l$ ist dabei identisch mit der Richtung der Kraft $\tilde{F}_y$. Die gestrichelten Linien im Diagramm markieren ausgehend von den dargestellten Punkten jeweils die Abhängigkeit $\tilde{u}_l\left(\tilde{F}_x, \tilde{F}_y\right)$ für gleichbleibende Werte von $\tilde{F}_x$. Es besteht ein linearer Zusammenhang zwischen $\tilde{u}_l$ und $\tilde{F}_y$. Anhand der gestrichelten Linien soll veranschaulicht werden, dass der Anstieg $\tilde{u}_l / \tilde{F}_y$ mit Vergrößerung der Kraft $\tilde{F}_x$ zunimmt.

Die Deutung dieser Charakteristik – bezogen auf das Verformungsverhalten des Stabes – führt zu der Erkenntnis, dass der Stab mit zunehmender Druckbeanspruchung $\tilde{F}_x$ immer empfindlicher auf seitliche Belastungen $\tilde{F}_y$ reagiert. Bei Betrachtung des Punktes S ist ersichtlich, dass bereits geringfügige seitliche Kräfte $\tilde{F}_y$ zu erheblichen Durchbiegungen $\tilde{u}_l$ führen. Darüber hinaus ist ersichtlich, dass die Kraft $\tilde{F}_x$ nicht beliebig gesteigert werden kann, sondern dass es einen Wert $\tilde{F}_{x\,\mathrm{krit}}$ gibt, bei dem es unweigerlich zum seitlichen Ausknicken des Stabes kommt. In der Literatur wird die Kraft $\tilde{F}_{x\,\mathrm{krit}}$ als *Kritische Kraft* bezeichnet und das beschriebene Verhalten und dem Begriff *Knickung*[8] behandelt [Pflüger 1975].

Es soll an dieser Stelle auch noch einmal betont werden, dass die Lineare Theorie nur für kleine Verformungen Gültigkeit besitzt und demnach Diagramm 3.1 ebenfalls nur für kleine Werte von $\tilde{u}_l$ valide Aussagen ermöglicht. Somit ist es nicht möglich, das Verformungsverhalten nach dem Ausknicken des Stabes zu ermitteln. Vielmehr ist die Lineare Theorie aber geeignet, um tendenzielle Aussagen zu treffen und beispielsweise den Wert der kritischen Kraft zu ermitteln.

[8] Im dargestellten Fall kann das Biegeproblem auf den 4. EULER'schen Knickfall zurückgeführt werden, wenn die doppelte Balkenlänge betrachtet wird.

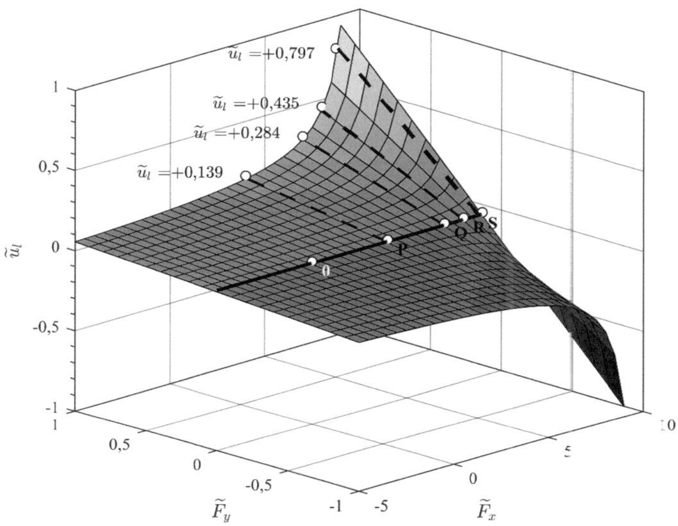

Diagramm 3.1: Visualisierung der Verformung $\tilde{u}_l$ des Stabes in Abhängigkeit von $\tilde{F}_x$ und $\tilde{F}_y$

3.2.2. Nichtlineare Theorie

Im vorangegangenen Abschnitt wurde verdeutlicht, dass bei Anwendung der Linearen Theorie und bei der Betrachtung kleiner Verformungen keine Aussagen über das Verformungsverhalten des Aufhängungselementes im ausgeknickten Zustand möglich sind. Nachfolgend wird daher die *Nichtlineare Theorie* der Stäbe für große Verformungen betrachtet. In Abbildung 3.5 ist dazu das entsprechende Modell des Stabes dargestellt. Das Modell unterscheidet sich im Vergleich mit dem Modell für die Lineare Theorie (Abbildung 3.4) dadurch, dass am freigeschnittenen Balkenende zusätzlich eine Verschiebung v_x (Vorspannweg) berücksichtigt wird. Es wird angenommen, dass die äußeren Kräfte F_x und F_y richtungstreu sind. Die Beschreibung der elastischen Linie des Stabes erfolgt somit in kartesischen Koordinaten anhand des Gleichungssystems (3.10). Bei der Anwendung der Nichtlinearen Theorie gelten darüber hinaus die gleichen Annahmen, die bereits bei der Linearen Theorie getroffen wurden.

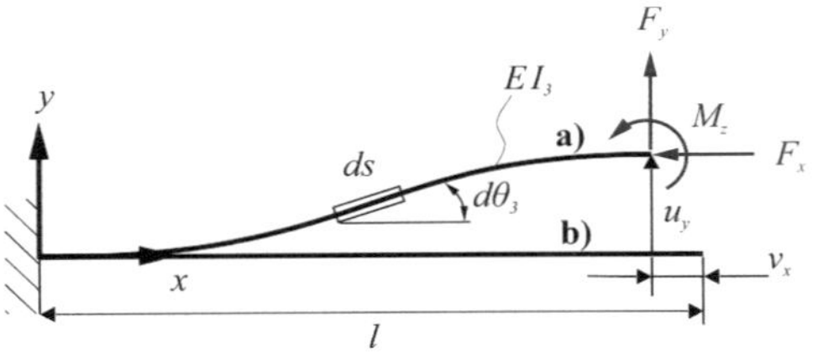

Abbildung 3.5: Modell des Stabes in a) verformter und b) unverformter Lage

Für die Beschreibung ebener Probleme in kartesischen Koordinaten gilt [Zentner 2014]:

$$\begin{aligned}
&\frac{dQ_x}{ds}+q_x=0 \qquad \frac{dQ_y}{ds}+q_y=0\\
&\frac{dM_z}{ds}-Q_x\cdot\sin\theta_3+Q_y\cdot\cos\theta_3+m_z=0\\
&\frac{d\theta_3}{ds}-\kappa_3=0\\
&M_z=E\cdot I_3\cdot(\kappa_3-\kappa_{30})\\
&\frac{dx}{ds}=\cos\theta_3 \qquad \frac{dy}{ds}=\sin\theta_3
\end{aligned} \tag{3.10}$$

Neben den äußeren Kräften F_x und F_y sowie dem Moment M_z wirken keine weiteren äußeren Belastungen, somit folgt $q_x=q_y=0$ und $m_z=0$. Damit ist $Q_x=-F_x$ und $Q_y=F_y$. Da das Aufhängungselement (Stab) im unbelasteten Zustand gerade ist, gilt $\kappa_{30}=0$. Für die weitere Betrachtung werden – wie bereits im vorangegangenen Abschnitt – dimensionslose Größen verwendet. Diese werden wie folgt formuliert:

$$\begin{aligned}
&\tilde{M}=\frac{M\cdot l}{EI_3} \qquad \tilde{F}=\frac{F\cdot l^2}{EI_3}\\
&\tilde{s}=\frac{s}{l} \qquad \tilde{x}=\frac{x}{l} \qquad \tilde{v}_x=\frac{v_x}{l} \qquad \tilde{\kappa}=\kappa\cdot l
\end{aligned} \tag{3.11}$$

Durch Einsetzen von (3.11) in das Gleichungssystem (3.10) folgt:

$$\begin{aligned}
&\frac{d\tilde{F}_x}{d\tilde{s}}=0 \qquad \frac{d\tilde{F}_y}{d\tilde{s}}=0\\
&\frac{d\tilde{M}_z}{d\tilde{s}}-\tilde{F}_x\cdot\sin\theta_3+\tilde{F}_y\cdot\cos\theta_3=0
\end{aligned} \tag{3.12}$$

$$\frac{d\theta_3}{d\tilde{s}} = \tilde{M}_z$$

$$\frac{d\tilde{x}}{d\tilde{s}} = \cos\theta_3 \qquad \frac{d\tilde{y}}{d\tilde{s}} = \sin\theta_3$$

Als Randbedingung soll gelten, dass der Anstieg der Biegelinie an den Stabenden und die Verschiebungen an der Einspannstelle Null sind. Am freigeschnittenen Stabende wird der Vorspannweg v_x als Verschiebung in x-Richtung berücksichtigt. Damit gilt:

$$\begin{aligned} \theta_3(0) &= 0 & \theta_3(\tilde{l}) &= 0 \\ \tilde{x}(0) &= 0 & \tilde{x}(\tilde{l}) &= \tilde{l} - \tilde{v}_x \\ \tilde{y}(0) &= 0 & \tilde{y}(\tilde{l}) &= \tilde{u}_y \end{aligned} \tag{3.13}$$

Durch Differenzieren von $\frac{d\theta_3}{d\tilde{s}} = \tilde{M}_z$ und Einsetzen in $\frac{d\tilde{M}_z}{d\tilde{s}} + \tilde{F}_x \cdot \sin\theta_3 + \tilde{F}_y \cdot \cos\theta_3 = 0$ folgt:

$$\begin{aligned} &\frac{d^2\theta_3}{d\tilde{s}^2} + \tilde{F}_x \cdot \sin\theta_3 + \tilde{F}_y \cdot \cos\theta_3 = 0 \\ &\text{mit } \frac{d\theta_3}{d\tilde{s}} = \tilde{\kappa}_3 \quad \rightarrow \quad \frac{d^2\theta_3}{d\tilde{s}^2} = \frac{d\tilde{\kappa}_3}{d\tilde{s}} = \frac{d\tilde{\kappa}_3}{d\tilde{s}} \cdot \frac{d\theta_3}{d\theta_3} = \frac{d\tilde{\kappa}_3}{d\vartheta_3} \cdot \tilde{\kappa}_3 \end{aligned} \tag{3.14}$$

Aus (3.14) folgt durch Integration:

$$(\tilde{\kappa}_3)^2 = 2\left(\tilde{F}_x \cdot \cos\theta_3 - \tilde{F}_y \cdot \sin\theta_3 + C_1\right) \tag{3.15}$$

Die Lösung der quadratischen Gleichung (3.15) führt für das Biegeproblem auf die Differentialgleichung (3.16). Diese lässt sich auf das elliptische Integral zurückführen, dessen Lösung numerisch erfolgt.

$$\frac{d\theta_3}{d\tilde{s}} = \pm\sqrt{2\left(\tilde{F}_x \cdot \cos\theta_3 - \tilde{F}_y \cdot \sin\theta_3 + C_1\right)} \tag{3.16}$$

Numerische Lösung

Die Lösung der Differentialgleichung (3.16) erfolgt numerisch mit Hilfe von MATLAB®[9] unter Verwendung des Solvers *ode45*. Als Eingangsparameter für die Berechnung wird der Vorspannweg $\tilde{v}_x$ sowie die Verschiebung $\tilde{u}_y$ des freigeschnittenen Stabendes in y-Richtung verwendet. Als Ergebnis wird die resultierende Biegelinie mit den zugehörigen Kräften $\tilde{F}_x$ und $\tilde{F}_y$ und dem Moment $\tilde{M}_z$ berechnet.

In Diagramm 3.2 sind beispielhaft die resultierenden Biegelinien für $\tilde{v}_x = 0,01$ für ausgewählte Verschiebungswerte von $\tilde{u}_y$ dargestellt. Die Abfolge der Biegelinien veranschaulicht das Verformungsverhalten des Stabes, wenn dieser von der ausgeknickten Anfangslage (hervorgehobene schwarze Biegelinie) in die spiegelbildliche ausgeknickte Endlage (hervorgehobene graue Biegelinie) verschoben wird. Bezogen auf das zu untersuchende Sicherheitsventil beschreibt die Darstellung in Diagramm 3.2 das Verformungsverhalten eines elastischen Aufhängungselementes beim Übergang von der geöffneten Ventilstellung in die geschlossene Ventilstellung.

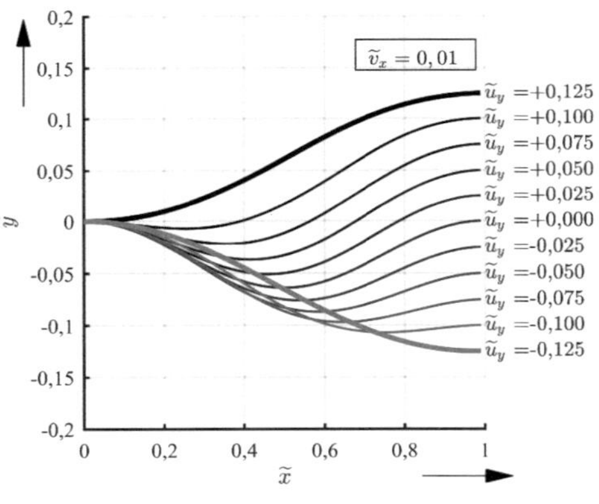

Diagramm 3.2: Ausgewählte Biegelinien bei konstantem Vorspannweg $\tilde{v}_x = 0,01$

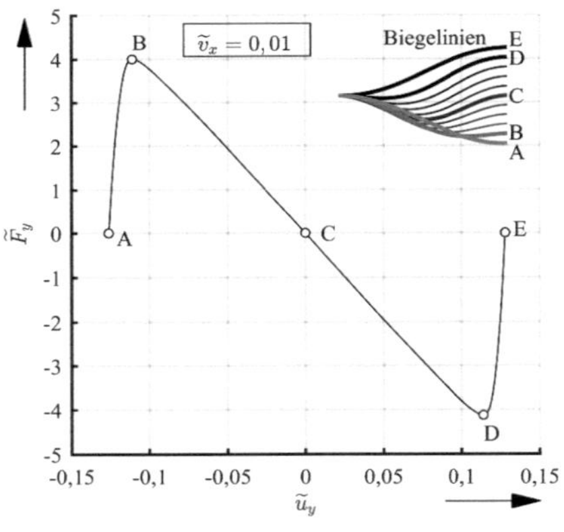

Diagramm 3.3: Kraft-Verschiebungs-Kennlinie für den Vorspannweg $\tilde{v}_x = 0,01$

Neben der Biegelinie ist vor allem auch der Zusammenhang zwischen der Kraft $\tilde{F}_y$ und der Verschiebung $\tilde{u}_y$ von Interesse, da dieser – mit Bezug auf das Sicherheitsventil – die Schaltcharakteristik des Sicherheitsventils bestimmt. Der Zusammenhang ist für den gewählten dimensionslosen Vorspannweg von $\tilde{v}_x = 0,01$ in Diagramm 3.3 dargestellt. Die

[9] Version 2016a

Charakteristik der Kraft-Verschiebungs-Kennlinie entspricht der bistabilen Charakteristik mit Durchschlageffekt, die für das neuartige Sicherheitsventil bereits in Abschnitt 2.1.2 beschrieben wurde.

An dieser Stelle soll bereits darauf aufmerksam gemacht werden, dass sich die Kraft-Verschiebungs-Kennlinie vereinfacht durch fünf charakteristische Punkte (Stützstellen) beschreiben lässt. Diese sind in Diagramm 3.3 mit den Buchstaben A bis E gekennzeichnet. Die beiden Stützstellen A und E repräsentieren die ausgeknickte stabile Anfangs- bzw. Endlage, für die die Verschiebungskraft $\tilde{F}_y$ Null ist. Die Stützstellen B und D befinden sich im Maximum bzw. Minimum der Kennlinie und verkörpern die Durchschlagpunkte. In der Stützstelle C, zwischen den beiden Durchschlagpunkten, verschwindet die Kraft $\tilde{F}_y$. In Kapitel 4 werden die charakteristischen Stützstellen für die weiterführenden Untersuchungen noch einmal genauer betrachtet.
Zusammenfassend bleibt festzuhalten, dass mit Hilfe der Nichtlinearen Theorie das Verformungsverhalten und die Kraft-Verschiebungs-Kennlinie für den ausgeknickten Zustand der Aufhängungselemente ermittelt werden kann. Die Nichtlineare Theorie ist dabei im Stande, das Vorspannen der Aufhängungselemente durch den Vorspannweg $\tilde{v}_x$ zu beschreiben.

3.2.3. Ermittlung der mechanischen Spannungen (Gestaltänderungshypothese)

Neben dem Verformungsverhalten der Aufhängungselemente sind die im Material auftretenden mechanischen Spannungen von Interesse. Diese sollen eine zulässige Spannung σ_{zul} nicht überschreiten. Für die im Rahmen der Arbeit untersuchten Aufhängungselemente dürfen bei der Verformung nur elastische Dehnungen auftreten, da es ansonsten zur plastischen Verformung der Aufhängungselemente kommt (Abschnitt 5.4.1). Als Kriterium für die zulässige Spannung σ_{zul} wird daher die Dehngrenze $R_{p0.2}$ verwendet. Es wird von einem linear-elastischen Materialverhalten ausgegangen.

$$\sigma_{zul} = R_{p0.2} \tag{3.17}$$

Zum Vergleich der auftretenden Spannungen bei mehrachsigen Spannungszuständen werden in der Technischen Mechanik unterschiedliche Festigkeitshypothesen vorgeschlagen. Dabei wird für zähe Materialien (z. B. Federstahl) die Anwendung der

Gestaltänderungshypothese empfohlen. Für den ebenen Spannungszustand kann die Vergleichsspannung mittels der nachfolgenden Gleichung [Dankert 2013] berechnet werden.

$$\sigma_V = \sqrt{\sigma_x^2 + \sigma_y^2 - \sigma_x \sigma_y + 3\tau_{xy}^2} \leq \sigma_{zul} \tag{3.18}$$

In dem untersuchten Modell (Abbildung 3.5) liegt eine kombinierte Beanspruchung vor. Die Spannung σ_y ist zu vernachlässigen, es treten jedoch Normalspannungen σ_x und Schubspannungen τ_{xy} auf. Aus der Literatur ist bekannt, dass die Schubspannungsanteile gegenüber den auftretenden Biegespannungen σ_b zu vernachlässigen sind [Dankert 2013]. Somit vereinfacht sich die Gleichung (3.18) wie folgt:

$$\begin{aligned} \sigma_V &= \sigma_x \leq R_{p0.2} \\ \sigma_x &= \sigma_b + \sigma_N = -\frac{M_z}{I_3} \cdot \xi - \frac{F_x}{A} \end{aligned} \tag{3.19}$$

Der Parameter ξ in Gleichung (3.19) bezeichnet dabei den Abstand von der neutralen Faser, der Parameter A beschreibt die Querschnittsfläche des Stabelementes ds (Abbildung 3.6).

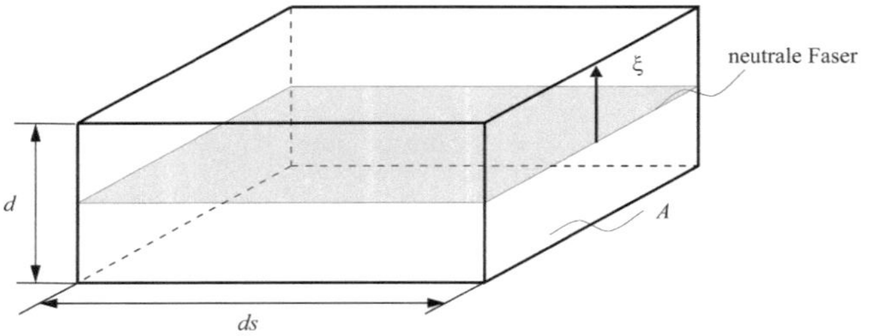

Abbildung 3.6: Stabelement *ds*

Die auftretenden Gesamtnormalspannungen setzen sich gemäß Gleichung (3.19) aus dem Biegespannungsanteil σ_b und dem Normalspannungsanteil σ_N infolge der Kraft F_x zusammen. Während σ_N konstante Werte über die Querschnittsfläche A annimmt, weist

σ_b eine lineare Abhängigkeit für den Abstand ξ von der neutralen Faser entsprechend Gleichung (3.19) auf.

Unter der Annahme, dass das Flächenträgheitsmoment I_3 für den Rechteckquerschnitt (Breite b, Höhe d) der Aufhängungselemente konstant ist, tritt die maximale Biegespannung an den Querschnittsrändern für $|\xi_{max}| = d/2$ auf. Die maximale Biegespannung an der Stelle x des Aufhängungselementes kann damit unter Verwendung des Widerstandmomentes W_3 wie folgt nach [Zimmermann 2001] formuliert werden:

$$
|\sigma_b|_{max}(x) = \frac{|M_z(x)|}{W_3} \quad \text{mit} \quad W_3 = \frac{I_3}{|\xi_{max}|} = \frac{b \cdot d^2}{6} \tag{3.20}
$$

Zum Nachweis der Festigkeit nach Gleichung (3.19) muss zuletzt der Maximalwert von σ_x (für den gesamten Verformungsverlauf) ermittelt werden, indem der Maximalwert des Biegemomentes $|M_z(x)|$ bestimmt wird. Die Berechnungsvorschrift für das Biegemoment ist aus Gleichung (3.16) bekannt.

3.3. Numerische Lösung (Finite-Elemente-Methode)

Im nachfolgenden Abschnitt wird die Kraft-Verschiebungs-Kennlinie eines nachgiebigen Aufhängungselementes durch Anwendung der *Finite Elemente Methode* (FEM) untersucht. Bei der FEM wird die zu untersuchende Geometrie in Teilbereiche (Finite Elemente) aufgeteilt. Daraus ergibt sich der Vorteil, dass komplexe Geometrien oder nichtlineares Materialverhalten elementweise mit Hilfe vergleichsweise einfacher Ansatzfunktionen beschrieben werden können. Die Lösung des resultierenden Gleichungssystems erfolgt numerisch.

Die Grundlagen der FEM sind nicht Gegenstand dieser Arbeit, daher wird auf einschlägige Literatur, beispielsweise [Schätzing et al. 2014] oder [Braess 2013], verwiesen.

3.3.1. Modell für die FEM-Simulation

Als Ausgangspunkt für die Erstellung des FEM-Simulationsmodells wird das modifizierte Modell aus Abschnitt 3.1 betrachtet. Zum Aufbau des Simulationsmodells und zur Durchführung der Simulationen wird die Software ANSYS® Mechanical APDL verwendet. Die Geometrie des Aufhängungselementes wird als dreidimensionales Modell erstellt (Abbildung 3.7). Durch die Parametrisierung der Modellgrößen l, d, b, v_x und E ist es unkompliziert möglich, Berechnungen für variierende Parameterwerte durchzuführen.

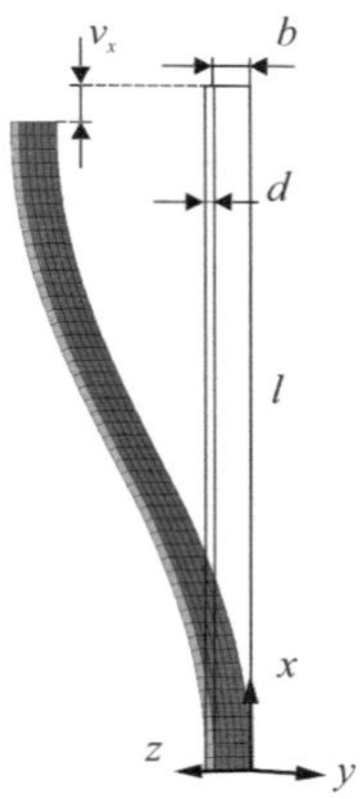

Geometrieparameter:

l ... Länge

d ... Dicke

b ... Breite

v_x ... Vorspannweg

Materialmodell: (linear-elastisch, Material 1.4310)

E-Modul $E = 190000\ \text{N/mm}^2$

Dichte $\rho = 7{,}85 \cdot 10^3\ \text{kg/m}^3$

Querkontraktionszahl $\nu = 0{,}3$

Vernetzung: SOLSH190

Abbildung 3.7: Geometriemodell des Aufhängungselementes für die FEM-Simulation

Die Vernetzung des Geometriemodells erfolgt mit dem Elementtyp SOLSH190. Weitere Details zur Vernetzung und zum verwendeten Elementtyp werden in Abschnitt 3.3.3 betrachtet. Es wird isotropes linear-elastisches Materialverhalten betrachtet, die Materialkennwerte orientieren sich an den Kennwerten von Federstahl (1.4310). Es werden große Verformungen betrachtet, daher erfolgt die Berechnung mit nichtlinearen Analyseeinstellungen (APDL-Befehl: NLGEOM, ON).

3.3.1. Erweiterung des Simulationsmodells (Einspannwinkel)

Bei der simulationsbasierten Ermittlung der Kraft-Verschiebungs-Kennlinien sollen auch unterschiedliche Einspannwinkel α für das nachgiebige Aufhängungselement untersucht werden. Das Simulationsmodell wird dazu entsprechend Abbildung 3.8 erweitert. Für $\alpha = 0$ tritt das Aufhängungselement senkrecht an der Einspannstelle aus. Für Einspannwinkel $\alpha > 0$ wird die Einspannstelle um den Winkel α verkippt. Der

Einspannwinkel wird ausgehend von der x-Achse positiv gezählt, wenn eine Verkippung der Einspannstelle im Uhrzeigersinn erfolgt. Für negative Einspannwinkel (nicht dargestellt) erfolgt die Verkippung entgegen dem Uhrzeigersinn.

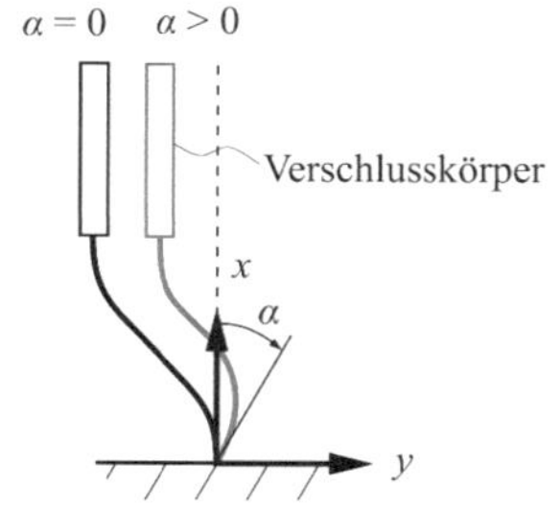

Abbildung 3.8: Nachgiebiges Aufhängungselement mit Einspannwinkel α

3.3.2. Ablauf der FEM-Analyse

Die Ermittlung der Kraft-Verschiebungs-Kennlinie des Aufhängungselementes erfolgt in zwei nacheinander ablaufenden Analyseschritten. Im ersten Analyseschritt wird zunächst das Geometriemodell des Aufhängungselementes erzeugt und anschließend der Verformungszustand nach dem Vorspannen des Aufhängungselementes ermittelt (Abbildung 3.9). Dazu wird das Aufhängungselement an der Stelle $x = 0$ eingespannt. Am anderen Ende des Aufhängungselementes, an der Stelle $x = l$, werden nur Bewegungen innerhalb der x-y-Ebene zugelassen. Für die Ermittlung des vorgespannten Zustandes erfahren alle Knoten an der Stelle $x = l$ die gleiche Verschiebung v_x (Vorspannweg) in negativer x-Richtung [10]. Als Folge kommt es zu einem seitlichen Ausknicken des Aufhängungselementes (Verschiebung u_y). Die Ausknickrichtung wird durch eine kleine Anschubkraft in negativer y-Richtung vorgegeben, diese wird nach dem Ausknicken auf den Wert Null reduziert.

[10] Es ist somit keine Verdrehung um die z-Achse möglich.

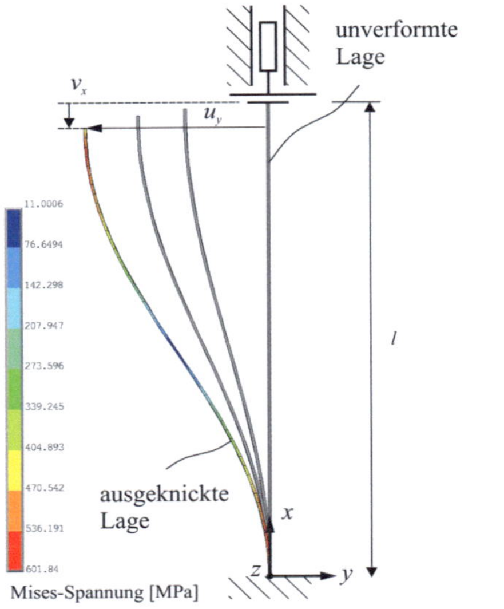

Abbildung 3.9: Analyseschritt 1 – Vorspannung

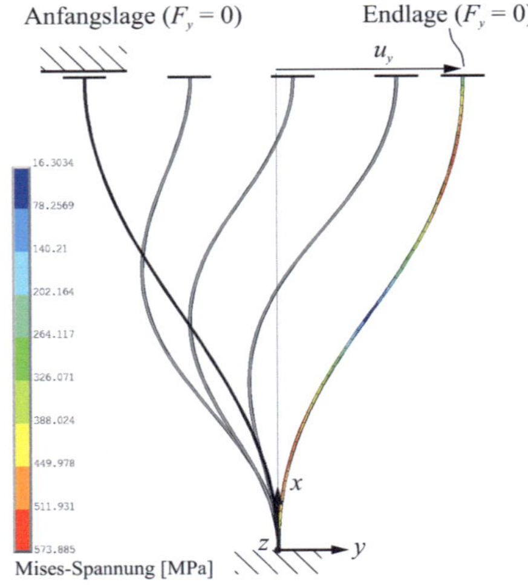

Abbildung 3.10: Analyseschritt 2 – Verschiebung

Die Belastungen werden durch entsprechende Analyseeinstellungen schrittweise aufgebracht (Festlegen von Zwischenschritten). Damit wird die Lösungskonvergenz verbessert. In Abbildung 3.9 sind neben der unverformten Lage und der ausgeknickten Lage exemplarisch weitere verformte Lagen für Zwischenschritte dargestellt.

Aus den Simulationsergebnissen des ersten Analyseschrittes werden die Knotenkoordinaten für die ermittelte ausgeknickte Lage sowie die zugehörigen Knotenspannungen exportiert (APDL-Befehl: INISTATE, write). Zu Beginn des zweiten Analyseschrittes werden diese Ergebnisse wieder importiert (APDL-Befehle: UPGEOM und INISTATE, read). Der Ausgangszustand für den zweiten Analyseschritt entspricht somit dem vorgespannten ausgeknickten Zustand am Ende des ersten Analyseschrittes. Die Einspannung als Randbedingung an der Stelle $x = 0$ wird im zweiten Analyseschritt beibehalten. Am anderen Ende des Aufhängungselementes, an der Stelle $x = l - v_x$, wird für den zweiten Analyseschritt nur noch die Bewegung in y-Richtung zugelassen (Abbildung 3.10). Es wird eine verschiebungsgesteuerte Analyse durchgeführt. Dazu wird an der Stelle $x = l - v_x$ des Aufhängungselementes eine Verschiebung in y-Richtung eingeprägt. Der Endwert der Verschiebung wird so gewählt, dass sich eine zur Anfangslage spiegelbildliche ausgeknickte Endlage einstellt. Es ist zu beachten, dass in

den weiteren Ausführungen die Verschiebung u_y des Aufhängungselementes ausgehend vom Koordinatenursprung angegeben wird.
Im Postprocessing werden zu den einzelnen Zwischenschritten die erforderlichen Kräfte F_y ermittelt und zusammen mit den zugehörigen Verschiebungswerten u_y für die weitere Auswertung exportiert. Es soll betont werden, dass zu einer gegebenen Verschiebung u_y (Abbildung 3.9) auch mehrere Verformungszustände des Aufhängungselementes existieren können. Dies ist durch die Annahme begründet, dass die primäre Last (Vorspannung) zentrisch angreift und sonstige Belastungen am Aufhängungselement vernachlässigt werden. Im Rahmen der Arbeit werden diese Verformungszustände jedoch nicht berücksichtigt.

Die Ergebnisse aus den FEM-Simulationen werden im nachfolgenden Kapitel ausführlich behandelt. Daher wird an dieser Stelle auf eine Darstellung der Ergebnisse verzichtet und auf das Kapitel 4 verwiesen.

3.3.3. Vernetzung und Elementtypen

Für die Genauigkeit der Ergebnisse der FEM-Simulation sind die Qualität der Vernetzung und die Auswahl eines geeigneten Elementtyps von entscheidender Bedeutung. Aus diesem Grund sollen beide Faktoren nachfolgend genauer betrachtet werden. Für die Auswahl des Elementtyps sollten die Dimensionsverhältnisse der zu vernetzenden Geometrie, der vorliegende Belastungsfall, das Materialmodell sowie auch die zur Verfügung stehende Rechenleistung berücksichtigt werden. Bei den im Rahmen dieser Arbeit zu untersuchenden Aufhängungselementen handelt es sich um schlanke Geometrien mit geringer Querschnittshöhe unter dominierender Biegebelastung. Für die Vernetzung können beispielsweise die in ANSYS® implementierten Elementtypen SHELL181, SOLID185 oder SOLSH190 verwendet werden. Diese wurden bereits untersucht und miteinander verglichen [Biswajit Banerjee 2014].
Für die FEM-Simulation wird der Elementtyp SOLSH190 ausgewählt. Im Gegensatz zum Elementtyp SHELL181 kann die Vernetzung am dreidimensionalen Modell erfolgen. Der Elementtyp SOLSH190 besitzt acht Elementknoten mit jeweils drei translatorischen Freiheiten und ist besonders für die Vernetzung dünner Geometrien sowie für die Analyse großer Verformungen geeignet. SOLSH190-Elemente können als Single-Layer- oder Multi-

Layer-Elemente, beispielsweise für Mehrschichtstrukturen, definiert werden. Für Single-Layer-Elemente werden standardmäßig zwei Integrationspunkte über die Elementdicke verwendet.

Für die Verwendung von SOLSH190-Elementen wird ein regelmäßiges Netz benötigt. Die notwendige Netzdichte wird anhand der Konvergenz der Simulationsergebnisse (Kraft-Verschiebungs-Kennlinie) ermittelt. Dazu werden die ermittelten Kraft-Verschiebungs-Kennlinien für unterschiedliche Netzdichten und Vernetzungseinstellungen miteinander verglichen. Sobald sich die Kennlinien bei weiterer Verfeinerung des Netzes nicht mehr signifikant ändern, kann von Ergebniskonvergenz ausgegangen werden.

Für die Untersuchung der Ergebniskonvergenz werden zunächst Netze mit geringer, mittlerer und hoher Netzdichte betrachtet (Tabelle 3.1). Dabei wird von Single-Layer-Elementen mit 2 Integrationspunkten über die Elementdicke ausgegangen.

Tabelle 3.1: Vergleich unterschiedlicher Netzdichten

	Geringe Netzdichte	**Mittlere Netzdichte**	**Hohe Netzdichte**
Anzahl der Elemente (*e*)	250	750	3000
Anzahl der Elemente in Dickenrichtung (*ed*)	1	3	3
Rechenzeit in s (Batchmodus)	24	57	207

Die resultierenden Kraft-Verschiebungs-Kennlinien sind exemplarisch für ein Aufhängungselement ($l = 25\,\text{mm}$, $b = 5\,\text{mm}$, $d = 0{,}1\,\text{mm}$, $v_x = 1{,}25\,\text{mm}$) in Diagramm 3.4 dargestellt. Es zeigt sich, dass die Ergebnisse bereits bei geringer Netzdichte ($e = 250$, $ed = 1$) konvergieren. Dabei ist festzustellen, dass für die Vernetzung in Dickenrichtung ein Element ausreichend ist. Im Vergleich zur Vernetzung mit hoher Netzdichte benötigt eine Analyse mit geringer Netzdichte nur rund ein Zehntel der Rechenzeit.

Vergleichend werden darüber hinaus auch Multi-Layer-Elemente mit drei Schichten ($s = 3$) untersucht. Außerdem wird die Anzahl der Integrationspunkte (*ip*) pro Schicht variiert (Diagramm 3.5). Dabei können keine Unterschiede zu den bereits aufgeführten Ergebnissen mit geringer Netzdichte festgestellt werden. Einzige Ausnahme bildet die Vernetzung mit drei Schichten ($s = 3$) und nur einem Integrationspunkt pro Schicht ($ip = 1$). Diese Vernetzung führt zu geringeren Verschiebungskräften, daher wird diese Vernetzungseinstellung nicht für die Analyse empfohlen. Zum Vergleich und zur

Absicherung der Ergebnisse wird auch die Vernetzung mit SOLID185-Elementen untersucht. Hier zeigen sich keine Unterschiede im Vergleich zu SOLSH190 -Elementen.

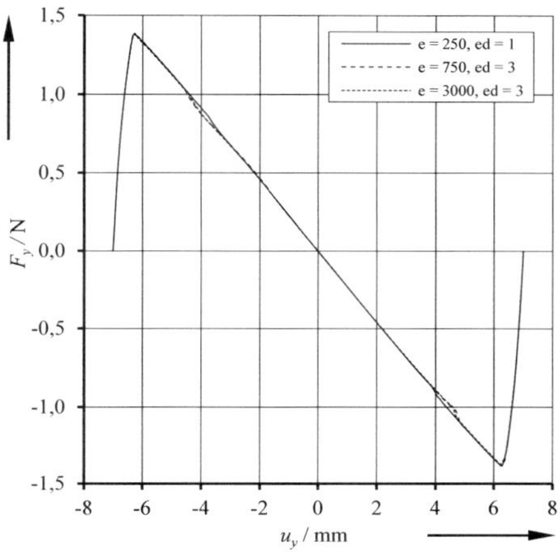

Diagramm 3.4: Kraft-Verschiebungs-Kennlinien für unterschiedliche Netzdichten (Elementtyp SOLSH190)

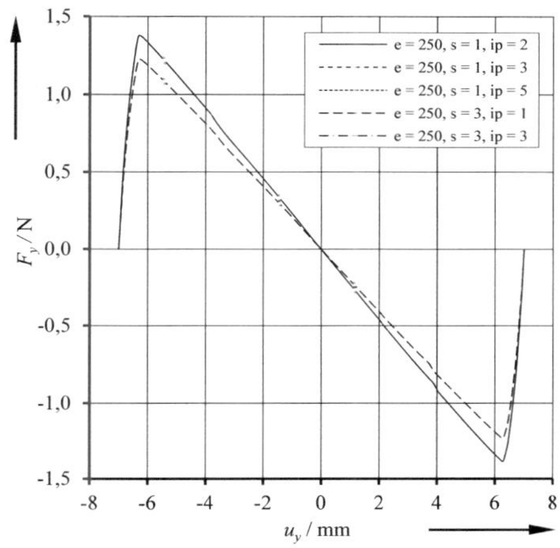

Diagramm 3.5: Kraft-Verschiebungs-Kennlinien für unterschiedliche Vernetzungseinstellungen (Elementtyp SOLSH190)

Zusammenfassend kann festgestellt werden, dass die Vernetzung mit SOLSH190 -Elementen bei geringer Netzdichte zu konvergenten Ergebnissen [11] führt. Für die weiterführenden Untersuchungen wird eine Vernetzung mit einem Element in Dickenrichtung und zwei Integrationspunkten über die Elementdicke verwendet.

3.4. Vergleich der Ergebnisse aus Nichtlinearer Theorie und FEM

In Abschnitt 3.2 wurde die Ermittlung der Kraft-Verschiebungs-Kennlinien für ein Aufhängungselement mit Hilfe der Nichtlinearen Theorie vorgestellt. Nachfolgend sollen diese Ergebnisse mit den Ergebnissen der FEM-Simulation verglichen werden. In Diagramm 3.6 und Diagramm 3.7 sind dazu die KVK für $\tilde{v}_x = 0{,}01$ und $\tilde{v}_x = 0{,}05$ vergleichend gegenübergestellt. An dieser Stelle soll bereits darauf hingewiesen werden, dass der dimensionslose Parameter Vorspannweg $\tilde{v}_x$ in den nachfolgenden Ausführungen verkürzt auch mit der Bezeichnung Vorspannung v verwendet wird. Die Kraft-Verschiebungs-Kennlinien werden für ein Aufhängungselement der Dimension $l = 25\,\text{mm}$, $b = 5\,\text{mm}$ und $d = 0{,}1\,\text{mm}$ ermittelt. Beim Vergleich der Ergebnisse der Nichtlinearen

[11] Es werden hinsichtlich der Konvergenz die Kraft-Verschiebungs-Kennlinien vergleichend betrachtet.

Theorie mit den Ergebnissen aus MATLAB® ist eine gute Übereinstimmung erkennbar. Die Ergebnisse aus MATLAB® zeigen im Bereich der Extremstellen einen tendenziell steileren Verlauf. Die Abweichungen der Kräfte liegen im Bereich bis etwa 5 %.

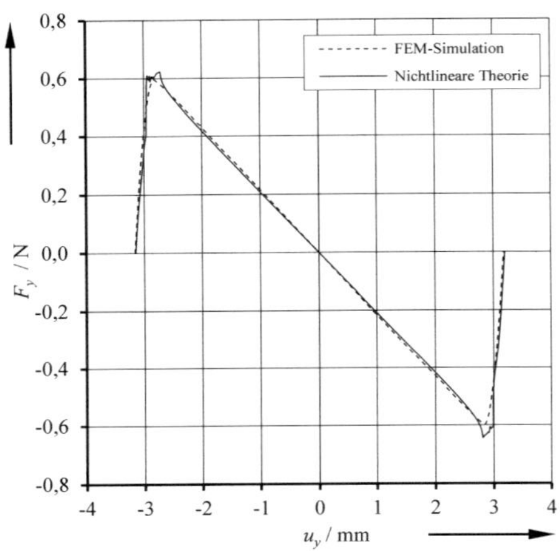

Diagramm 3.6: Kraft-Verschiebungs-Kennlinien anhand Nichtlinearer Theorie (Matlab) und FEM-Simulation (ANSYS) für $\tilde{v}_x = 0{,}01$

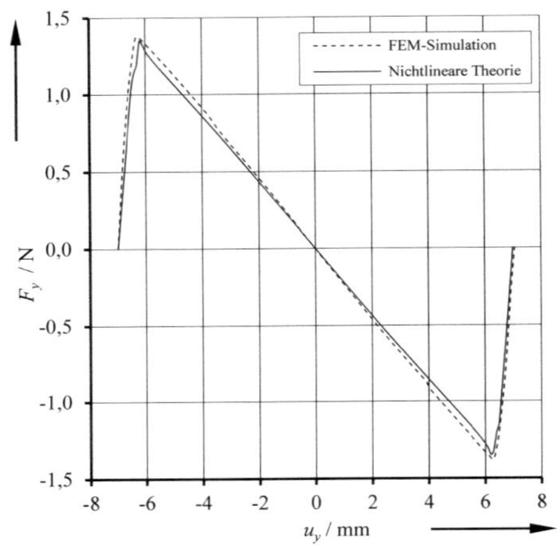

Diagramm 3.7: Kraft-Verschiebungs-Kennlinien anhand Nichtlinearer Theorie (Matlab) und FEM-Simulation (ANSYS) für $\tilde{v}_x = 0{,}05$

3.5. Zusammenfassung des Kapitels

In den vorangegangenen Abschnitten wurde ein Modell für die nachgiebige Aufhängung des Verschlusskörpers entwickelt. In diesem Modell wurde ein Drittelmodell der nachgiebigen Aufhängung betrachtet. Es wurde gezeigt, dass die analytische Beschreibung des Modells (Lineare Theorie), durch die Beschränkung auf den Bereich kleiner Verformungen, ungeeignet für die Analyse der ausgeknickten Lage ist. Darüber hinaus lieferte die Nichtlineare Theorie brauchbare Ergebnisse für die Beschreibung des Verformungsverhaltens und der Kraft-Verschiebungs-Charakteristik. Schließlich wurde die numerische Lösung auf Basis von FEM-Simulationen vorgestellt. Im Vergleich zeigt sich, dass sowohl Nichtlineare Theorie als auch FEM-Simulation zu übereinstimmenden Ergebnissen führen. Für die nachfolgenden Untersuchungen wird die Lösung mit Hilfe der FEM-Simulationen weiterverfolgt.

4. Ergebnisse der FEM-Simulationen und Entwicklung eines Dimensionierungsmodells

Für die Ermittlung der Kraft-Verschiebungs-Kennlinien auf Basis des in Abschnitt 3.3 vorgestellten FEM-Modells werden Simulationsreihen in ANSYS® durchgeführt. Dabei werden für die Geometrieparameter des Simulationsmodells die in Tabelle 4.1 angegebenen Werte oder Wertebereiche betrachtet. Die Parameter b und E werden bei den Simulationen zunächst mit fixen Werten berücksichtigt, da diese als Skalierungsfaktoren für die Kraft F_y zu betrachten sind, die grundlegende Charakteristik der KVK im untersuchten Parameterbereich jedoch nicht beeinflussen.
Auf der Basis der Simulationsergebnisse wird im Folgenden die Entwicklung eines Berechnungsmodells zur Dimensionierung der nachgiebigen Aufhängungselemente vorgestellt. Dabei wird auch der Einfluss des Einspannwinkels betrachtet.

Tabelle 4.1: Untersuchter Wertebereich der Geometrieparameter

Geometrieparameter		**Wertebereich**
Länge l	mm	10 . . . 200
Vorspannung v	mm/mm	$(0,01 \cdot l)$ . . . $(0,40 \cdot l)$
Dicke d	mm	0,050 . . . 0,500
Breite b	mm	5
Elastizitätsmodul E	N/mm^2	190000

4.1. Einspannwinkel $\alpha = 0°$

4.1.1. Kraft-Verschiebungs-Kennlinie

In Diagramm 4.1 ist exemplarisch die KVK für ein Aufhängungselement der Länge $l = 25\,\text{mm}$ und der Dicke $d = 0{,}1\,\text{mm}$ bei einem Vorspannweg $v_x = 1{,}50\,\text{mm}$ dargestellt. Die Gestalt der Kennlinie wurde bereits im Abschnitt 2.1.2 beschrieben. Es handelt sich um eine bistabile Kraft-Verschiebungs-Charakteristik mit Durchschlag. Im Diagramm sind die charakteristischen Stützstellen A – E gekennzeichnet. Die Stützstellen sollen im Weiteren dazu verwendet werden, den typischen Verlauf der KVK näher zu untersuchen und zu beschreiben. Zur Kennzeichnung der Stützstellenparameter für Einspannwinkel $\alpha = 0°$ wird der zusätzliche Index 0 verwendet.

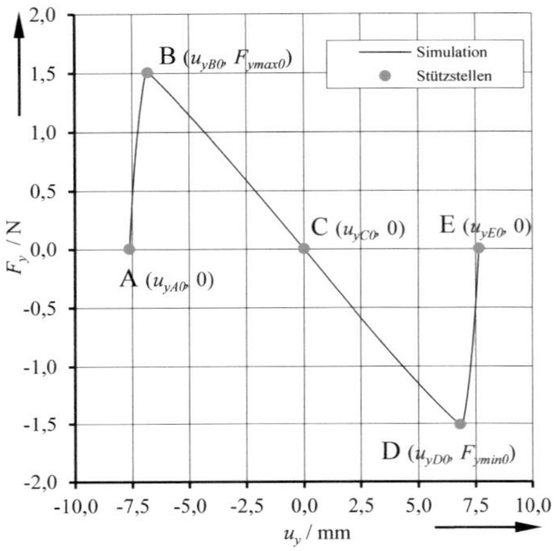

	Stützstellen
A	$F_{yA0} = 0$ $u_{yA0} < 0$
B	$F_{yB0} = \mathrm{Max}(F_y) = F_{ymax0}$
C	$F_{yC0} = 0$ $u_{yA0} < u_{yC0} < u_{yE0}$
D	$F_{yD0} = \mathrm{Min}(F_y) = F_{ymin0}$
E	$F_{yE0} = 0$ $u_{yE0} > 0$

(4.1)

Diagramm 4.1: Kraft-Verschiebungs-Kennlinie mit den Stützstellen A – E (Aufhängungselement: $l = 25$ mm, $d = 0{,}1$ mm, $b = 5$ mm, $v_x = 1{,}50$ mm)

Die Stützstelle A markiert eine der insgesamt drei Nullstellen der KVK. Die Verschiebung u_{yA0} in der Stützstelle A wird in den nachfolgenden Ausführungen als *Anfangsauslenkung* bezeichnet. Der Begriff wird gewählt, da dieser Punkt die ausgeknickte Anfangslage des Aufhängungselementes im vorgespannten Zustand darstellt. Verfolgt man den Verlauf der Kennlinie in Richtung zunehmender Abszissenwerte, so ist ein Anstieg der Kraft F_y bis zu einem Maximum F_{ymax0} festzustellen (Stützstelle B), die zugehörige Verschiebung wird mit u_{yB0} gekennzeichnet. Nach Überschreiten des Maximums fällt die Kennlinie nahezu linear ab. Im Nullpunkt (Stützstelle C) ändert die Verschiebungskraft F_y ihr Vorzeichen und erreicht in der Stützstelle D ihr Minimum (u_{yD0}, F_{ymin0}). Anschließend kommt es wieder zu einem Anstieg der Kraft F_y bis zum Erreichen der dritten Nullstelle der KVK (Stützstelle E). Die Verschiebung u_{yE0} in der Stützstelle E wird im Weiteren als *Endauslenkung* bezeichnet.

In Diagramm 4.2 sind weitere KVK für Vorspannwege zwischen 0,25 mm und 2,50 mm dargestellt (entspricht dem 0,01-fachen bis 0,10-fachen der Länge l des Aufhängungselementes). Im Diagramm ist zu erkennen, dass sich die dargestellten Kennlinien bei qualitativer Betrachtung durch die Skalierung der Abszissen- und Ordinatenachse unterscheiden. Außerdem ist ein punktsymmetrischer Verlauf der Kennlinien – bezogen auf den Koordinatenursprung 0 – zu erkennen. Aufgrund dieser Beobachtung ist es naheliegend, dass die KVK durch die gleiche Grundcharakteristik beschrieben werden können. Nachfolgend wird die Grundcharakteristik näher untersucht.

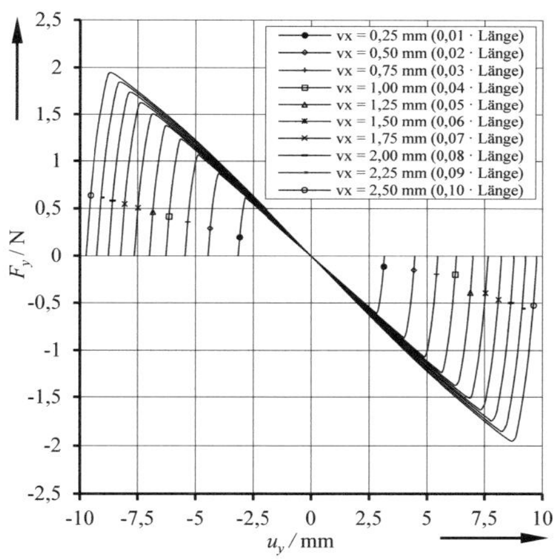

Diagramm 4.2: Kraft-Verschiebungs-Kennlinien für ein nachgiebiges Aufhängungselement – Variation des Vorspannweges (l = 25 mm, d = 0,10 mm, b = 5 mm)

4.1.2. Grundcharakteristik

Zur Untersuchung der Grundcharakteristik wird nachfolgend zunächst eine Normierung aller ermittelten KVK in Abszissen- und Ordinatenrichtung vorgenommen. Als Normierungsgröße für die Abszisse wird der Betrag der Anfangsauslenkung u_{yA0} (Stützstelle A) und für die Ordinate die Kraft im Maximum F_{ymax0} (Stützstelle B) verwendet. Die Normierung erfolgt nach Gleichung (4.2). Bei den gewählten Normierungsgrößen $|u_{yA0}|$ und F_{ymax0} handelt es sich um die betragsmäßigen Grenzen des Wertebereiches für die jeweilige KVK.

$$u = \frac{u_y}{|u_{yA0}|} \qquad F = \frac{F_y}{F_{ymax0}} \tag{4.2}$$

Für die zu untersuchenden Aufhängungselemente ergeben sich, in Abhängigkeit von den geometrischen Abmessungen, KVK mit unterschiedlichen Anfangsauslenkungen und Maximalkräften. Somit werden für jede KVK individuelle Werte für die Normierungsgrößen berechnet. Durch die Normierung aller ermittelten KVK ergibt sich die normierte Stichprobe, deren Datenpunkte in Diagramm 4.3 als Punktwolke dargestellt sind. Aus Darstellungsgründen wird auf eine Verbindung der Datenpunkte verzichtet. Im Hinblick auf die Entwicklung eines Dimensionierungsmodells wird im Weiteren unterstellt, dass die ermittelte gemeinsame normierte Grundcharakteristik nicht nur für die untersuchte Stichprobe gültig ist, sondern darüber hinaus auch für weitere Aufhängungselemente mit anderen geometrischen Abmessungen zutrifft.

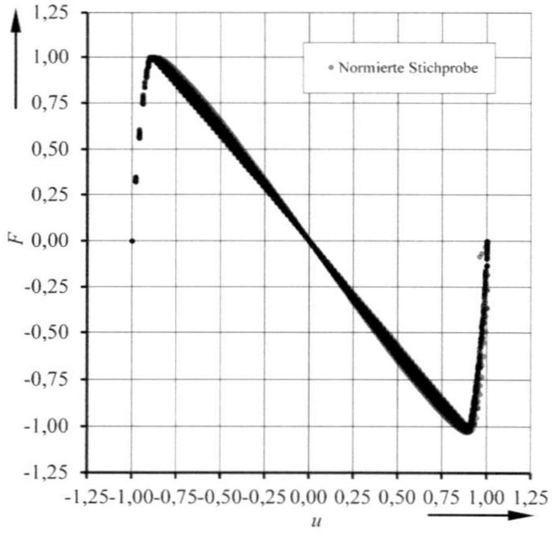

Diagramm 4.3: Normierte Stichprobe (Grundcharakteristik)

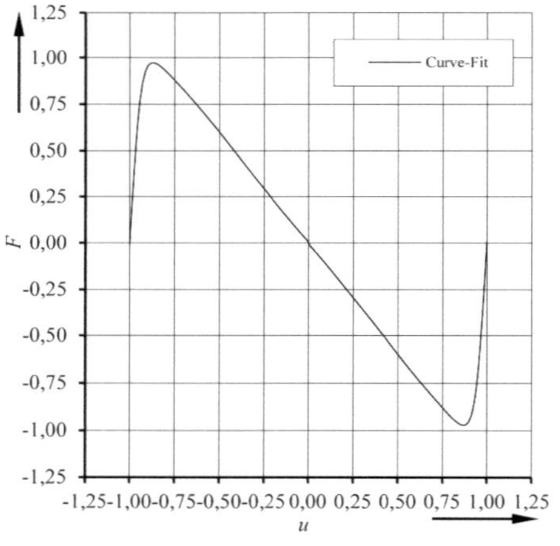

Diagramm 4.4: Ausgleichskurve (Curve-Fit) für die normierte Stichprobe

Für die dargestellte Grundcharakteristik (Diagramm 4.3) soll im Folgenden mit Methoden der Ausgleichsrechnung (Regression) ein funktionaler Zusammenhang abgeleitet werden (Curve-Fit). Als Ergebnis soll eine möglichst einfache Beschreibungsgleichung ermittelt werden, welche eine gute Annäherung an die Stichprobe zulässt. Für die erreichbare Regressionsgüte ist die Wahl einer geeigneten Ansatzfunktion $F = f(u)$ von entscheidender Bedeutung. Zur Beurteilung der Regressionsgüte wird in den nachfolgenden Ausführungen das Bestimmtheitsmaß R^2 verwendet[12]. Die Wahl der Ansatzfunktion geschieht auf Basis der Punktwolke aus Diagramm 4.3. Für die Beschreibung des nichtlinearen Zusammenhangs kommen z. B. Polynomfunktionen höheren Grades, Potenzfunktionen, Exponential- oder Logarithmusfunktionen als Ansatzfunktionen in Frage. Zur Bestimmung der Funktionsparameter der Ansatzfunktion wird die *Gaußsche Methode der kleinsten Quadrate* verwendet (siehe Anhang A). Für eine detaillierte Beschreibung zu den Grundlagen der Ausgleichsrechnung wird an dieser Stelle auf die einschlägige Literatur verwiesen [Papula 2016].

Die Ausgleichsrechnung für die normierte Stichprobe aus Diagramm 4.3 wird mit Hilfe der Software ORIGIN® 8.1G durchgeführt. Als Ansatzfunktionen werden unterschiedliche Funktionstypen betrachtet. Für exponentielle oder logarithmische Ansatzfunktionen zeigt sich, dass diese zur Beschreibung der normierten Stichprobe nicht geeignet sind, da sich nur eine unbefriedigende Regressionsgüte erzielen lässt. Bessere Ergebnisse zeigen Wachstums- oder Peak-Funktionen mit Bestimmtheitsmaßen zwischen $R^2 = 83{,}13\ \%$ und $R^2 = 99{,}76\ \%$. Die höchste Regressionsgüte von $R^2 = 99{,}79\ \%$ – bei vergleichsweise geringer Parameteranzahl in der Ansatzfunktion – wird mit einem asymmetrischen Doppel-Sigmoidal-Ansatz[13] erreicht. Damit ist es möglich die normierte Grundcharakteristik in guter Näherung wiederzugeben. Die ermittelte Gleichung zur Beschreibung der normierten Grundcharakteristik lautet:

$$F(u) = -\operatorname{sign}(u) \cdot \left[t_1 + \left(\frac{t_2}{1 + e^{\frac{2(|u|+t_3)-w_1}{2w_2}}} \right) \cdot \left(1 - \frac{1}{1 + e^{\frac{2(|u|+t_3)+w_1}{2w_3}}} \right) \right] \quad \rightarrow \quad -1 \le u \le 1 \tag{4.3}$$

mit den Parametern:

$$t_1 = -0{,}76 \qquad t_2 = 2{,}35 \qquad t_3 = -0{,}669$$
$$w_1 = 0{,}64 \qquad w_2 = 0{,}028 \qquad w_3 = 0{,}48$$

In Diagramm 4.4 ist die Ausgleichskurve, die sich aus Gleichung (4.3) ergibt, dargestellt. Anhand der ermittelten Grundcharakteristik ist es nachfolgend möglich, die KVK für ein Aufhängungselement mit beliebigen geometrischen Abmessungen zu berechnen. Dazu müssen jedoch die Normierungsgrößen $|u_{yA0}|$ und F_{ymax0} bekannt sein. Die Besonderheit besteht darin, dass die benötigten Normierungsgrößen von den Geometrieparametern des

[12] Das Bestimmtheitsmaß kann Werte zwischen 0 und 1 (0 % bis 100 %) annehmen. Je dichter der Wert an 1 (100 %) liegt, umso besser ist die Güte der Regression einzuschätzen.

[13] in ORIGIN®: Asym2Sigm

jeweiligen Aufhängungselementes abhängig sind. Es werden somit keine Konstanten gesucht, sondern Beschreibungsgleichungen, die einen oder mehrere Geometrieparameter enthalten können. In den nachfolgenden Abschnitten wird untersucht, inwieweit sich Zusammenhänge zur Beschreibung der Normierungsgrößen ableiten lassen.

4.1.3. Auswertung der Anfangsauslenkung u_{yA0}

Anhand der Simulationsergebnisse lässt sich ableiten, dass die Anfangsauslenkung u_{yA0} von der Länge l der Aufhängungselemente und dem dimensionslosen Vorspannweg[14] v abhängig ist. In Diagramm 4.5 ist diese Abhängigkeit für die durchgeführten Simulationsreihen dargestellt. Dabei ist zu beachten, dass die Anfangsauslenkung für das betrachtete Simulationsmodell negative Werte annimmt, für die nachfolgende Betrachtung wird der Betrag der Anfangsauslenkung verwendet.

Im Diagramm ist zu erkennen, dass $|u_{yA0}|$ für $v < 0,05$ zunächst vergleichsweise stark zunimmt. Darüber hinaus verringert sich der Anstieg der Graphen zunehmend. Aus Darstellungsgründen sind die Datenpunkte der Stichprobe, die den Aufhängungselementen derselben Länge l zugeordnet sind, durch unterbrochene Linien miteinander verbunden.

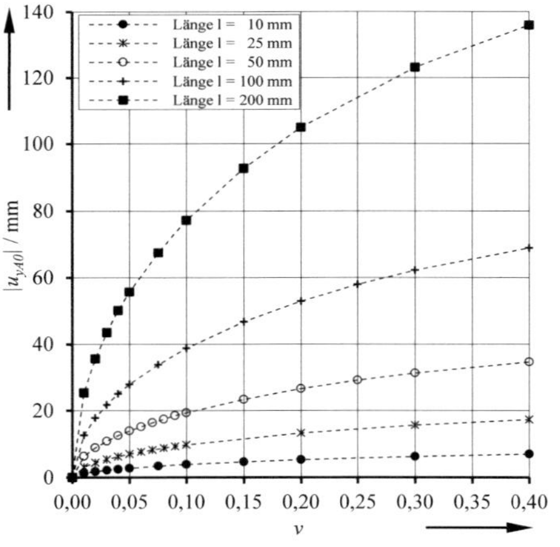

Diagramm 4.5: Absolutwert der Anfangsauslenkung u_{yA0} in Abhängigkeit von v und l

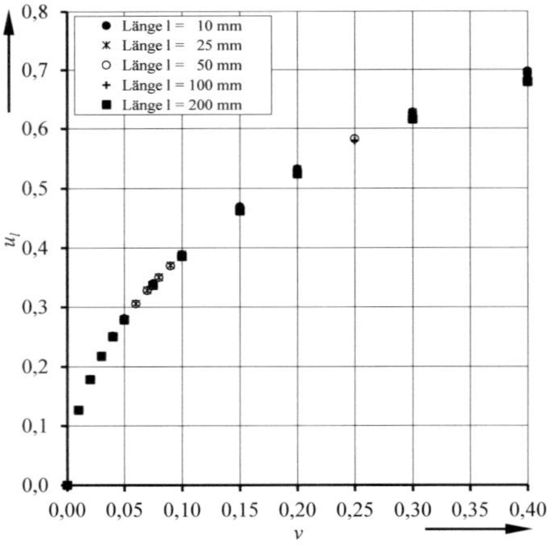

Diagramm 4.6: u_l in Abhängigkeit von v

[14] An dieser Stelle wird darauf hingewiesen, dass der dimensionslose Vorspannweg in den Ausführungen in Kapitel 3 mit $\tilde{v}_x$ gekennzeichnet wurde (Gleichung (3.11)). In den nachfolgenden Ausführungen wird anstelle $\tilde{v}_x$ vereinfachend die Bezeichnung Vorspannung v verwendet.

Bei der Betrachtung von Diagramm 4.5 fällt auf, dass die dargestellten Graphen für die verschiedenen Längen l eine qualitativ ähnliche Charakteristik besitzen. Diese Beobachtung wird durch Diagramm 4.6 bestätigt. Durch die Normierung der Ordinatenwerte der Graphen aus Diagramm 4.5 mit Hilfe der Gleichung (4.4) fallen die Datenpunkte annähernd zu einem gemeinsamen Graphen zusammen. Somit kann mit Hilfe der Ausgleichsrechnung ein mathematischer Zusammenhang zur Beschreibung der in Diagramm 4.6 dargestellten Stichprobe hergestellt werden. Dazu werden unterschiedliche Ansatzfunktionen ausgewählt und anhand der erreichbaren Regressionsgüte (Bestimmtheitsmaß) miteinander verglichen.

$$u_l = \frac{|u_{yA0}|}{l} \tag{4.4}$$

Als mögliche Ansatzfunktionen werden die in Tabelle 4.2 aufgeführten Funktionen ausgewählt. Als Auswahlkriterium wird festgelegt, dass die Ansatzfunktionen jeweils nicht mehr als drei Funktionsparameter enthalten sollen. Bei den aufgeführten Ansatzfunktionen handelt es sich um eine subjektive Auswahl, praktisch können weitere beliebige Ansatzfunktionen gewählt werden. Mit Hilfe der Ausgleichsrechnung werden für die Funktionsparameter a, b und c der Ansatzfunktionen die Werte nach Tabelle 4.2 bestimmt. Aus der Tabelle können zudem die ermittelten Bestimmtheitsmaße R^2 entnommen werden.

Tabelle 4.2: Berechnete Parameterwerte und Bestimmtheitsmaß für ausgewählte Ansatzfunktionen

	Ansatzfunktion	***a***	***b***	***c***	R^2
A.	Lineare Ansatzfunktion: $y = a \cdot x + b$	1,53	0,17	-	87,77 %
B.	Polynomfunktion: $y = a + b \cdot x + c \cdot x^2$	0,102	3,16	-4,4	96,36 %
C.	Potenzfunktion: $y = a \cdot x^b$	1,06	0,445	-	99,83 %
D.	Logarithmusfunktion: $y = a - b \cdot \ln(x + c)$	0,873	-0,226	0,023	99,59 %
E.	Exponentialfunktion I: $y = a - b \cdot c^x$	0,691	0,626	0,0005	98,21 %
F.	Exponentialfunktion II: $y = a \cdot (1 - e^{-b \cdot x})$	0,648	10,4	-	96,40 %

Es ist ersichtlich, dass sich für die Potenzfunktion C mit dem Lösungsansatz $y = a \cdot x^b$ der größte Wert für das Bestimmtheitsmaß ($R^2 = 99{,}83\,\%$) ermitteln lässt und somit die höchste Regressionsgüte erreicht wird. Im Vergleich mit den anderen untersuchten Ansatzfunktionen zeigt sich zudem, dass die hohe Güte der Regression mit einer Ansatzfunktion erreicht werden kann, die gerade einmal zwei Parameter benötigt. Für die Normierungsgröße $|u_{yA0}|$ ergibt sich somit die folgende Berechnungsvorschrift:

$$|u_{yA0}| = 1{,}06 \cdot l \cdot v^{0{,}445} \qquad u_{yA0} < 0 \qquad (4.5)$$

Für einen visuellen Vergleich der Ansatzfunktionen sind im Anhang B (Diagramm B.1 bis Diagramm B.6) die Ansatzfunktionen und die zugrundeliegende Stichprobe exemplarisch gegenübergestellt.

4.1.4. Auswertung der Kraft F_{ymax0}

Analog zu der Vorgehensweise im vorangegangenen Abschnitt soll im Folgenden untersucht werden, ob anhand der Simulationsergebnisse eine Berechnungsgleichung für die Normierungsgröße F_{ymax0} abgeleitet werden kann. In Abschnitt 4.1.1 wurden bereits die Kraft-Verschiebungs-Kennlinien am Beispiel eines ausgewählten Aufhängungselementes für unterschiedliche Vorspannwege v_x diskutiert. Es wurde in diesem Zusammenhang gezeigt, dass die Kennlinien im Bereich zwischen den lokalen Extremstellen (Stützstelle B und D) durch eine gemeinsame Gerade beschrieben werden können. Für die unterschiedlichen Vorspannungen ergeben sich demnach gleiche Geradenanstiege.

In Diagramm 4.7 sind die KVK noch einmal dargestellt. Zusätzlich sind im Diagramm die lokalen Extremstellen markiert und durch eine Regressionsgerade angenähert. Die Regressionsgerade verläuft dabei durch den Koordinatenursprung 0. Für das Bestimmtheitsmaß der dargestellten Regressionsgerade ergibt sich ein Wert von $R^2 = 99{,}98\,\%$. Damit ist die ermittelte Ursprungsgerade gut zur Beschreibung der Lage der Extremstellen geeignet. Zur Überprüfung, ob diese Beobachtung auch für weitere Aufhängungselemente mit unterschiedlichen geometrischen Abmessungen zutrifft, sind in Diagramm 4.8 die Extremstellen für weitere Aufhängungselemente mit den zugehörigen Regressionsgeraden dargestellt. Auch hier bestätigt sich anhand der Bestimmtheitsmaße, mit Werten zwischen 99,96 % und 99,98 %, dass die Lage der Extremstellen durch eine lineare Abhängigkeit beschrieben werden kann. Es ist somit davon auszugehen, dass die lineare Abhängigkeit im untersuchten Parameterbereich auch für beliebige weitere Aufhängungselemente nachgewiesen werden kann. Die Lage der lokalen Extremstellen wird für die weiterführenden Untersuchungen anhand der Gleichung (4.6) beschrieben. Der Funktionsparameter $G(d,l)$ steht dabei für den Betrag des Anstieges der Regressionsgerade. Das negative Vorzeichen in der Gleichung wird bewusst gewählt (der Anstieg der Regressionsgerade ist negativ), so dass sich für $G(d,l)$ in den nachfolgenden Untersuchungen positive Werte ergeben. Für die Ableitung von Berechnungsgleichungen ist dieses Vorgehen vorteilhaft.

$$F_{ymax0} = -G(d,l) \cdot u_{yB0} \qquad F_{ymin0} = -G(d,l) \cdot u_{yD0} \tag{4.6}$$

An dieser Stelle soll darauf aufmerksam gemacht werden, dass die KVK der nachgiebigen Aufhängungselemente im Kennlinienbereich zwischen den Extremstellen annähernd der Kennlinie einer Longitudinalfeder mit konstanter Steifigkeit entsprechen. Dabei ist $G(d,l)$ als Betrag der Federsteifigkeit zu interpretieren.

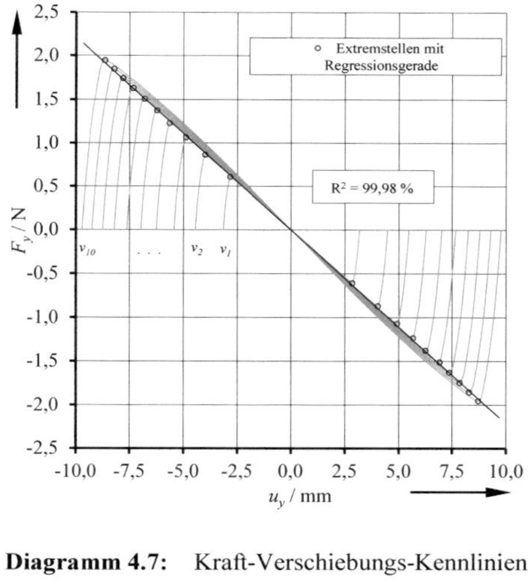

Diagramm 4.7: Kraft-Verschiebungs-Kennlinien mit Extremstellen und Regressionsgerade für ein Aufhängungselement mit l = 25 mm, d = 0,10 mm und v_x = 0,25 mm … 2,50 mm

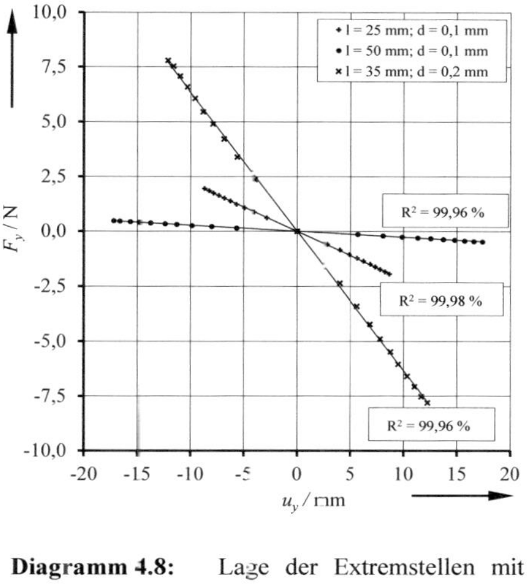

Diagramm 4.8: Lage der Extremstellen mit Regressionsgeraden für Aufhängungselemente unterschiedlicher Abmessungen für Vorspannungen von v = 0,01 … 0,10

Um die Lage der lokalen Extremstellen anhand von Gleichung (4.6) bestimmen zu können und daraus eine Berechnungsvorschrift für die Normierungsgröße F_{ymax0} abzuleiten, muss der Wert von $G(d,l)$ sowie die Verschiebung u_{yB0} für das jeweilige betrachtete Aufhängungselement bestimmt werden. Der Wert von u_{yB0} kann bestimmt werden, indem der Abszissenwert im Maximum der normierten Grundcharakteristik aus Gleichung (4.3) ermittelt wird und mit der bereits bekannten Normierungsgröße $|u_{yA0}|$ aus Gleichung (4.5) multipliziert wird. Für den Abszissenwert im Maximum ergibt sich durch numerische Auswertung von Gleichung (4.3) ein Wert von $u = -0,871$. Somit lautet für die untersuchte Stichprobe die Berechnungsgleichung für u_{yB0} wie folgt:

$$u_{yB0} = -0,871 \cdot |u_{yA0}| \tag{4.7}$$

Für u_{yD0} ergibt sich aufgrund der Punktsymmetrie der KVK folgende Berechnungsvorschrift:

$$u_{yD0} = 0,871 \cdot |u_{yA0}| \tag{4.8}$$

Für die Beschreibung der Normierungsgröße F_{ymax0} nach Gleichung (4.6) muss als nächstes der Wert von $G(d,l)$ aus dem Anstieg der Regressionsgerade ermittelt werden. Es wurde bereits erkannt, dass $G(d,l)$ unabhängig vom Wert der Vorspannung v ist. Es besteht allerdings eine Abhängigkeit von der Länge l und der Dicke d des Aufhängungselementes. Im Folgenden wird eine Beschreibungsgleichung für $G(d,l)$ erarbeitet.

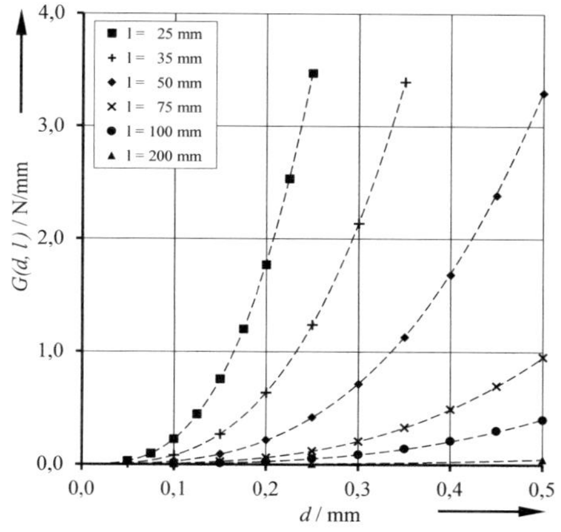

Diagramm 4.9: *G(d, l)* für ausgewählte Aufhängungselemente

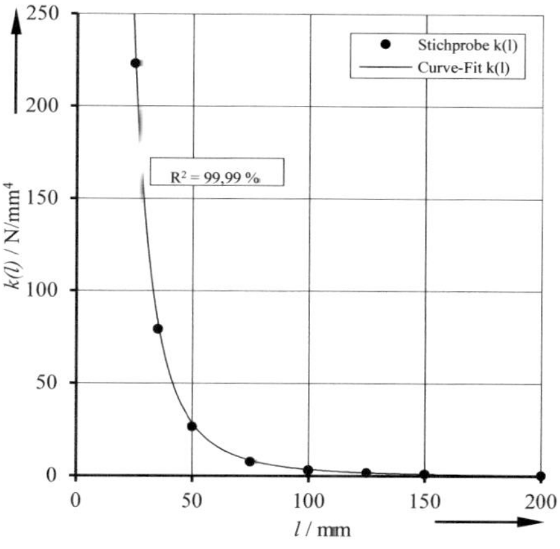

Diagramm 4.10: Steifigkeitsfaktor *k(l)* – Stichprobe und Curve-Fit

In Diagramm 4.9 sind die Verläufe von $G(d,l)$ in Abhängigkeit von der Dicke d für ausgewählte Aufhängungselemente unterschiedlicher Längen l dargestellt. Die Datenpunkte für gleiche Werte von l sind durch unterbrochene Linien miteinander verbunden. Es ist zu erkennen, dass mit zunehmender Dicke d der Wert von $G(d,l)$ exponentiell zunimmt. Außerdem ist ersichtlich, dass $G(d,l)$ bei gleicher Dicke d umso kleinere Werte annimmt, je größer l ist. Anhand der dargestellten Graphen lässt sich bereits erahnen, dass die Abhängigkeit $G(d,l)$ – wie in den vorangegangenen Abschnitten – ebenfalls auf eine gemeinsame normierte Abhängigkeit zurückgeführt werden kann. Zur Überprüfung dieser Vermutung werden für die Datenpunkte der Stichprobe, die jeweils dem gleichen Wert von l zugeordnet sind, Ausgleichsrechnungen durchgeführt. Die Anzahl der Parameter für die Ansatzfunktion sollte möglichst gering sein. Daher werden Ansatzfunktionen mit höchstens vier Parametern untersucht.

Die Ergebnisse zeigen, dass für die Beschreibung der Abhängigkeit $G(d,l)$ in erster Linie Exponentialfunktionen sowie Polynome 2. und 3. Grades verwendet werden können. Die ermittelten Werte für R^2 liegen im Bereich von 99,22 % bis 99,99 %. Im Vergleich der untersuchten Ansatzfunktionen untereinander erweist sich die Ansatzfunktion mit der allgemeinen Form $y = a \cdot x^b$ als besonders geeignet. Einerseits können mit einem Wert von $R^2 = 99{,}99\%$ die Datenpunkte der Stichprobe sehr exakt wiedergegeben werden, andererseits werden für die Formulierung der Ansatzfunktion nur zwei Parameter benötigt. Der Vorteil gegenüber den anderen untersuchten Funktionen besteht aber darin, dass der

Funktionsparameter b, unabhängig vom Wert der Länge l der betrachteten Stichprobe, mit $b=3$ immer den gleichen Wert annimmt. Die mathematische Beschreibung von $G(d,l)$ kann somit anhand der nachfolgenden Gleichung erfolgen:

$$G(d,l)=k(l)\cdot d^3 \tag{4.9}$$

Der in Gleichung (4.9) enthaltene Faktor $k(l)$ kann als ein von der Länge l abhängiger Multiplikator (Steifigkeitsfaktor) verstanden werden. Damit eine Berechnung von $G(d,l)$ möglich ist, muss zunächst $k(l)$ bestimmt werden. Die Werte für $k(l)$, die sich aus Diagramm 4.9 durch die Anwendung der Gleichung (4.9) ergeben, sind in Diagramm 4.10 dargestellt. Für die Beschreibung der Abhängigkeit $k(l)$ wird in bekannter Weise eine Ausgleichsrechnung durchgeführt. Für die untersuchten exponentiellen, logarithmischen und rationalen Ansatzfunktionen ergeben sich Werte für das Bestimmtheitsmaß zwischen 98,62 % und 99,99 %. Aus der Gesamtheit der untersuchten Ansatzfunktionen wird die Exponentialfunktion mit der nachfolgenden Beschreibungsgleichung ausgewählt:

$$k(l)=m\cdot l^n=\left(3{,}54\cdot 10^6\,\mathrm{N}\cdot\mathrm{mm}^{-1}\right)\cdot\left(\frac{1}{l^3}\right) \tag{4.10}$$

Die Auswahl der Exponentialfunktion nach Gleichung (4.10) erfolgt nicht allein aufgrund des sehr hohen Wertes für R^2. Vielmehr ist es aufgrund der Funktionsstruktur möglich, die Gleichungen (4.6) bis (4.10) zu der nachfolgenden Gleichung (4.11) zusammenzufassen:

$$F_{y\,max\,0}=\left(3{,}08\cdot 10^6\,\mathrm{N}\cdot\mathrm{mm}^{-1}\right)\cdot\left|u_{yA0}\right|\cdot\left(\frac{d}{l}\right)^3 \tag{4.11}$$

4.1.5. Berücksichtigung von Elastizitätsmodul und Breite der Aufhängungselemente

Zu Beginn des Kapitels wurde darauf hingewiesen, dass der Elastizitätsmodul und die Breite der Aufhängungselemente in allen Simulationen mit fixen Werten von $b=5\,\mathrm{mm}$ und $E=190\,000\,\mathrm{N/mm^2}$ berücksichtigt werden. Streng genommen besitzt daher das abgeleitete Berechnungsmodell nur Gültigkeit für Aufhängungselemente mit den genannten Werten für b und E. Darüber hinaus kann aber anhand weiterer Simulationsreihen gezeigt werden, dass sich $F_{y\,max\,0}$ proportional zum Elastizitätsmodul E und zum Flächenträgheitsmoment I_z verhält. Die Gleichung (4.11) kann damit in die nachfolgende Form nach Gleichung (4.12) überführt werden[15].

$$F_{y\,max\,0} = f \cdot \frac{|u_{yA0}|}{l} \cdot \frac{E \cdot I_z}{l^2} \qquad \text{mit} \qquad I_z = \frac{b \cdot d^3}{12} \tag{4.12}$$

Die Dicke d wird als Parameter in Gleichung (4.12) zusammen mit der Breite b durch das Flächenträgheitsmoment I_z berücksichtigt. In der vorliegenden Gleichung muss zuletzt noch der Faktor f ermittelt werden. Dazu werden die Gleichungen (4.11) und (4.12) gleichgesetzt. Für die Parameter b und E werden die in den Simulationen verwendeten Werte $b = 5\,\text{mm}$ und $E = 190\,000\ \text{N/mm}^2$ eingesetzt. Für die Gleichung zur Berechnung von $F_{y\,max\,0}$ ergibt sich somit:

$$F_{y\,max\,0} = 38{,}95 \cdot \frac{|u_{yA0}|}{l} \cdot \frac{E \cdot I_z}{l^2} \tag{4.13}$$

Durch Einsetzen von Gleichung (4.5) lässt sich Gleichung (4.13) auch direkt als Abhängigkeit des Vorspannweges v_x angeben:

$$F_{y\,max\,0} = 41{,}29 \cdot \left(\frac{v_x}{l}\right)^{0{,}445} \cdot \frac{E \cdot I_z}{l^2} \tag{4.14}$$

4.2. Einspannwinkel $\alpha > 0°$

Die Auswertung der numerischen Simulationen für Einspannwinkel $\alpha > 0°$ orientiert sich an der Vorgehensweise, nach der bereits die vorangegangene Auswertung für den Einspannwinkel $\alpha = 0°$ durchgeführt wurde. Das Ziel besteht darin, zu untersuchen, ob auch für die Ergebnisse der Simulationen mit $\alpha > 0°$ geeignete Gleichungen zur Beschreibung der KVK abgeleitet werden können.

[15] Die Struktur der Gleichung orientiert sich an der Struktur der Gleichungen zur Berechnung der kritischen Kräfte (EULER'sche Knickfälle).

4.2.1. Kraft-Verschiebungs-Kennlinie

In Diagramm 4.11 sind – exemplarisch für ein Aufhängungselement der Länge $l = 25\,\text{mm}$ und der Dicke $d = 0{,}1\,\text{mm}$ – die numerisch ermittelten KVK für unterschiedliche Einspannwinkel $\alpha > 0°$ dargestellt.

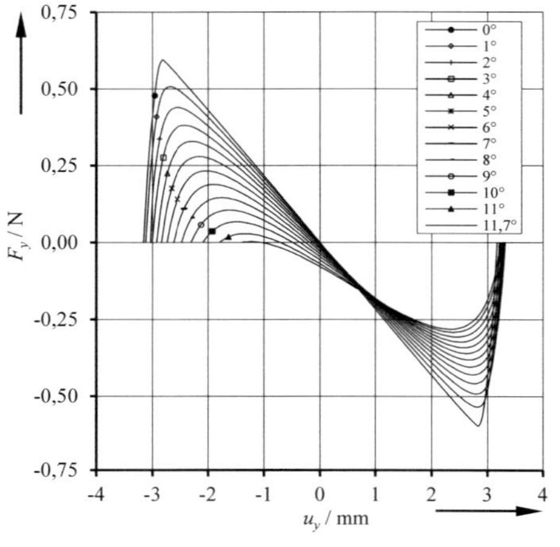

Diagramm 4.11: Kraft-Verschiebungs-Kennlinie eines Aufhängungselementes ($l = 25$ mm, $d = 0{,}1$ mm, $v_x = 0{,}25$ mm) für unterschiedliche Einspannwinkel ($0° \leq \alpha \leq 11{,}7°$)

Ausgehend von der bereits bekannten Kennlinie für $\alpha = 0°$ (Abschnitt 4.1.1) ist im Diagramm zu erkennen, dass sich für Einspannwinkel $\alpha > 0°$ die Charakteristika der dargestellten Kennlinien verändern. Grundsätzlich sind auch die KVK für $\alpha > 0°$ durch zwei lokale Extremstellen (Stützstellen B und D) gekennzeichnet, mit zunehmendem Einspannwinkel unterscheiden sich die KVK jedoch insbesondere durch die Lage und Ausprägung dieser Extremstellen. Zur Kennzeichnung der Stützstellenparameter für $\alpha > 0°$ erfolgt die Indizierung ohne den Zusatzindex 0. In Diagramm 4.11 ist ersichtlich, dass die Kraft $F_{y\,max}$ (Stützstelle B) mit zunehmendem Einspannwinkel abnimmt. Eine Besonderheit zeigt die Kennlinie für $\alpha = 11{,}7°$. Für diese Kennlinie beträgt $F_{y\,max} = 0$. Für noch größere Einspannwinkel (im Diagramm nicht dargestellt) würde die KVK vollständig im negativen Bereich der Kraft F_y verlaufen. Das bedeutet, dass mit Überschreiten eines definierten Einspannwinkels die zuvor bistabile KVK in eine monostabile KVK übergeht. Es existiert somit ein Wert für den Einspannwinkel α, der eine Grenze zwischen dem Bereich bistabilen und monostabilen Verhaltens darstellt. In den weiteren Ausführungen wird der Wert dieses Einspannwinkels als *Grenzwinkel* α_G bezeichnet.

Bei der weiteren Auswertung der KVK in Diagramm 4.11 ist festzustellen, dass mit zunehmendem Einspannwinkel α nicht nur die Kraft $F_{y\,max}$ abnimmt, sondern sich auch die Kraft $F_{y\,min}$ (Stützstelle D) betragsmäßig verringert. Ein wesentlicher Unterschied zur Kraft $F_{y\,max}$ besteht jedoch darin, dass die Kraft $F_{y\,min}$ beim Erreichen des Grenzwinkels α_G betragsmäßig nicht bis auf Null absinkt. Der Wert von $F_{y\,min}$ für den Grenzwinkel α_G beträgt noch rund 47 % vom Wert, der sich bei einem Einspannwinkel von $\alpha = 0°$ einstellt.

Aus der Beobachtung heraus, dass für Einspannwinkel $\alpha > 0°$ die Kräfte $F_{y\,min}$ und $F_{y\,max}$ betragsmäßig verschieden sind, lässt sich schlussfolgern, dass die KVK für Einspannwinkel $\alpha > 0°$ keine Punktsymmetrie zum Koordinatenursprung 0 aufweisen. Diese Schlussfolgerung wird auch dadurch bestätigt, dass sich der Schnittpunkt der Abszissenachse und dem als linear betrachteten Kurvenabschnitt zwischen den Extremstellen mit zunehmendem Einspannwinkel aus dem Koordinatenursprung 0 heraus in negativer Abszissenrichtung verschiebt. Dadurch nimmt die Breite des Abszissenabschnittes, in dem positive Verschiebungskräfte F_y abgelesen werden können, ab. Eine weitere Einengung dieses Bereiches ergibt sich dadurch, dass mit zunehmendem Einspannwinkel der Betrag der Anfangsauslenkung u_{yA} abnimmt. Der Wert der Endauslenkung u_{yE} lässt hingegen zunächst keine offensichtliche Abhängigkeit vom Einspannwinkel erkennen. Es kann jedoch festgestellt werden, dass die Kurvenabschnitte im Bereich der lokalen Extremstellen mit zunehmendem Einspannwinkel an Steilheit verlieren. Während bei $\alpha = 0°$ der Bereich um die Extremstellen einen vergleichsweise steilen Anstieg aufweist und die Extremstelle auch bei visueller Betrachtung problemlos lokalisiert werden kann, ist mit Annäherung an den Grenzwinkel α_G die Umgebung der Extremstellen über einen deutlich größeren Bereich der Verschiebung u_y vergleichsweise flach. Die visuelle Lokalisierung der Extremstelle gestaltet sich erheblich schwieriger.

4.2.2. Auswertung des Grenzwinkels α_G

Im vorangegangenen Abschnitt wurde erkannt, dass ein Grenzwinkel α_G existiert, bei dem die bistabile KVK in eine monostabile KVK übergeht. In Diagramm 4.12 bis Diagramm 4.15 sind für ausgewählte Aufhängungselemente mit unterschiedlichen geometrischen Abmessungen die KVK mit den zugehörigen Grenzwinkeln dargestellt. Es ist zu erkennen, dass der Grenzwinkel α_G – bei gleicher Geometrie der Aufhängungselemente – mit zunehmender Vorspannung v größere Werte annimmt. In Diagramm 4.12 bis Diagramm

4.15 beträgt der Grenzwinkel 20,3°, 26,2° bzw. 37,1°. Andererseits stellen sich für unterschiedliche geometrische Abmessungen, jedoch bei gleicher Vorspannung v, identische Grenzwinkel ein (Diagramm 4.14 und Diagramm 4.15). Diese Beobachtung kann durch die Auswertung weiterer numerischer Simulationen und für verschiedenste geometrische Abmessungen (Länge l, Breite b, Dicke d) der Aufhängungselemente bestätigt werden.

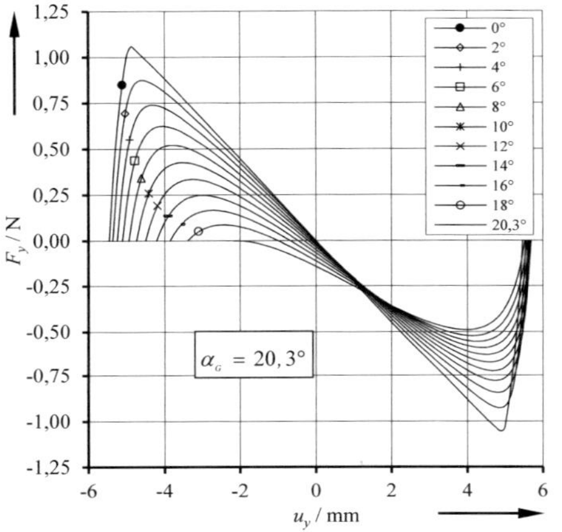

Diagramm 4.12: Kraft-Verschiebungs-Kennlinien für unterschiedliche Einspannwinkel (l = 25 mm, d = 0,1 mm, v = 0,03)

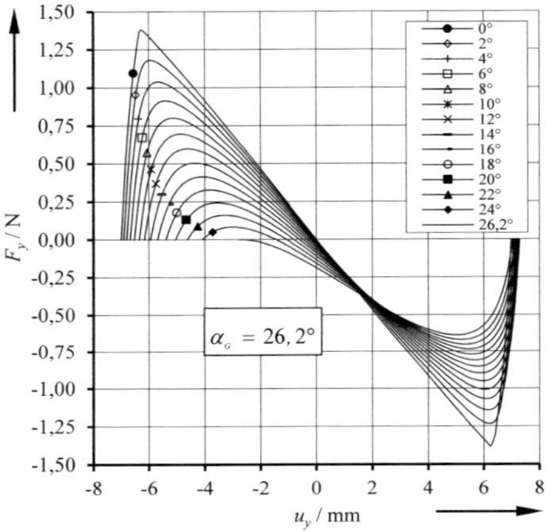

Diagramm 4.13: Kraft-Verschiebungs-Kennlinien für unterschiedliche Einspannwinkel (l = 25 mm, d = 0,1 mm, v = 0,05)

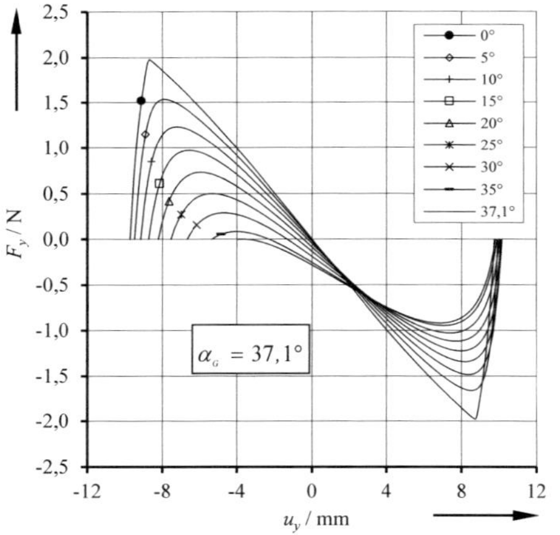

Diagramm 4.14: Kraft-Verschiebungs-Kennlinien für unterschiedliche Einspannwinkel (l = 25 mm, d = 0,1 mm, v = 0,10)

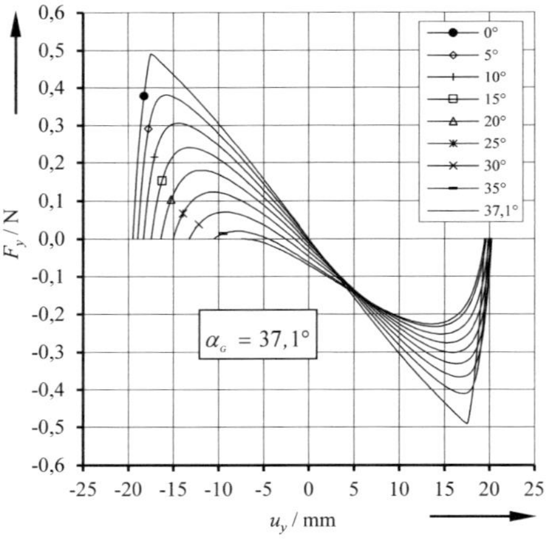

Diagramm 4.15: Kraft-Verschiebungs-Kennlinien für unterschiedliche Einspannwinkel (l = 50 mm, d = 0,1 mm, v = 0,10)

Zur genaueren Untersuchung der Abhängigkeit zwischen dem Grenzwinkel α_G und der Vorspannung v wird die in Diagramm 4.16 dargestellte Stichprobe betrachtet. Für diskrete Werte von v ist der zugehörige ermittelte Grenzwinkel α_G dargestellt. Die punktförmigen Markierungen im Diagramm repräsentieren die Stichprobenelemente. Die durchgehende Linie stellt den auf der Stichprobe basierenden zugehörigen Curve-Fit dar. Wie bereits in den vorangegangenen Abschnitten werden bei der Ausgleichsrechnung verschiedene Ansatzfunktionen untersucht. Neben Polynomfunktionen werden insbesondere auch exponentielle und hyperbolische Ansatzfunktionen sowie Wachstums- und Potenzfunktionen mit maximal drei Funktionsparametern betrachtet. Mit den untersuchten Ansatzfunktionen können für das Bestimmtheitsmaß Werte zwischen $R^2 = 97{,}92\,\%$ und $R^2 = 99{,}99\,\%$ ermittelt werden. Es zeigt sich, dass Polynomfunktionen und hyperbolische Funktionen, aufgrund der vergleichsweise niedrigen Werte für R^2, als Ansatzfunktionen ungeeignet sind. Die weiteren untersuchten Ansatzfunktionen hingegen können die Stichprobe in guter bis sehr guter Näherung wiedergeben.

Für die Beschreibung der Abhängigkeit $\alpha_G(v)$ wird schließlich die Potenzfunktion nach Gleichung (4.15) ausgewählt. Diese ermöglicht mit gerade einmal zwei Funktionsparametern eine hervorragende Approximation der Stichprobe ($R^2 = 99{,}99\,\%$).

$$\alpha_G = (120{,}4°) \cdot v^{0{,}51} \tag{4.15}$$

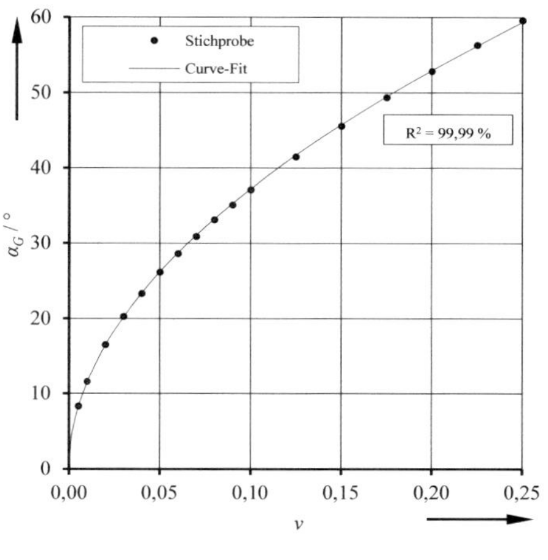

Diagramm 4.16: Abhängigkeit zwischen Grenzwinkel α_G und Vorspannung v (Stichprobe und Curve-Fit)

4.2.3. Auswertung der Anfangsauslenkung u_{yA}

In Abschnitt 4.2.1 wurde festgestellt, dass der Betrag der Anfangsauslenkung bei gleichbleibender Vorspannung mit zunehmendem Einspannwinkel kleiner wird. In Diagramm 4.17 ist diese Abhängigkeit für Aufhängungselemente verschiedener Abmessungen und für unterschiedliche Vorspannungen v dargestellt. Zur besseren Anschaulichkeit sind die Datenpunkte, die für Aufhängungselemente gleicher Länge und Vorspannung ermittelt werden, durch punktierte Verbindungslinien hervorgehoben. Für die dargestellten Graphen kann – wie bereits mehrfach in den vorangegangenen Abschnitten – ein qualitativ ähnlicher Verlauf festgestellt werden. Somit besteht auch an dieser Stelle die Vermutung, dass sich die einzelnen Graphen durch einen gemeinsamen Zusammenhang beschreiben lassen. Zur Überprüfung der These wird zunächst eine Normierung der Stichprobe vorgenommen.

Für die betrachtete Stichprobe ist der Betrag der Anfangsauslenkung u_{yA} für Einspannwinkel $\alpha = 0°$ am größten. Daher erfolgt die Normierung der Ordinatenachse mit diesem Wert (u_{yA0}). Für den Einspannwinkel α wird der Wertebereich von 0° bis zum Wert des Grenzwinkels α_G betrachtet. Die Normierung der Abszissenachse erfolgt daher mit Wert von α_G. Die resultierende normierte Stichprobe ist in Diagramm 4.18 dargestellt.

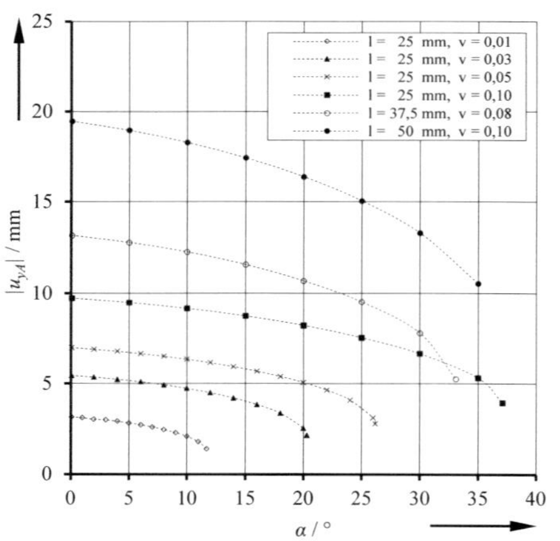

Diagramm 4.17: Betrag der Anfangsauslenkung u_{yA} in Abhängigkeit von α für Aufhängungselemente der Dicke $d = 0{,}1$ mm

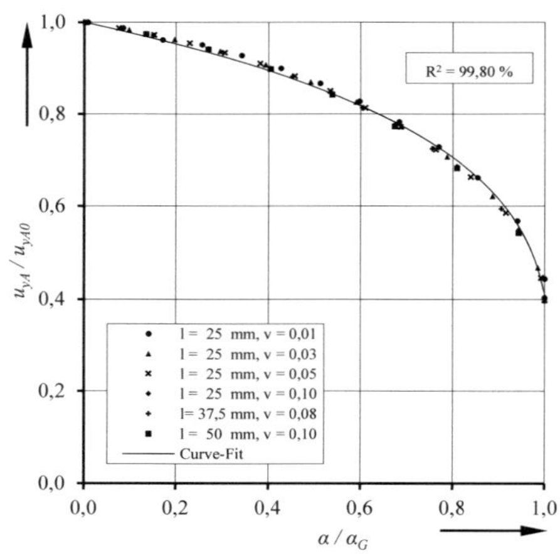

Diagramm 4.18: u_{yA} / u_{yA0} in Abhängigkeit von α / α_G (Stichprobe und Curve-Fit)

Bei der Betrachtung der normierten Stichprobe in Diagramm 4.18 wird deutlich, dass sich die Graphen aus Diagramm 4.17 über die normierte Darstellung durch eine einzige gemeinsame Abhängigkeit beschreiben lassen. Somit kann die zuvor aufgestellte These bestätigt werden. Zur Ableitung einer Beschreibungsgleichung für die dargestellte Abhängigkeit wird nachfolgend in der bekannten Art und Weise ein Curve-Fit durchgeführt. Die Untersuchung geeigneter Ansatzfunktionen zeigt, dass Exponential- und Polynomfunktionen, insbesondere aber auch Potenzfunktionen und rationale Ansatzfunktionen sehr gute Werte für R^2 liefern (99,20 % bis 99,92 %). Bedingt geeignet sind beispielsweise Wachstumsfunktionen mit wenigen Funktionsparametern. Für die Beschreibung der gesuchten Abhängigkeit wird schließlich die in Gleichung (4.16) angegebene Potenzfunktion ausgewählt.

Die erreichte Regressionsgüte von $R^2 = 99{,}80\%$ ist mit dieser Funktion geringfügig niedriger im Vergleich zu anderen untersuchten Ansatzfunktionen. Diese Tatsache wird jedoch zugunsten der vergleichsweise einfachen Struktur der Beschreibungsgleichung akzeptiert.

$$u_{yA} / u_{yA0} = \left(1 - 0{,}98 \cdot \frac{\alpha}{\alpha_G}\right)^{0{,}227} \qquad 0 \le \alpha \le \alpha_G \tag{4.16}$$

4.2.4. Auswertung der Endauslenkung u_{yE}

Bei der Auswertung der Endauslenkung u_{yE} wird in Analogie zum vorangegangenen Abschnitt verfahren. Die Normierung der Stichprobe erfolgt für die Ordinatenachse mit u_{yE0}, dem Wert der Endauslenkung für den Einspannwinkel $\alpha = 0°$. Die Abszissenachse wird mit dem Wert des Grenzwinkels α_G normiert. Die resultierende normierte Stichprobe ist in Diagramm 4.19 dargestellt.

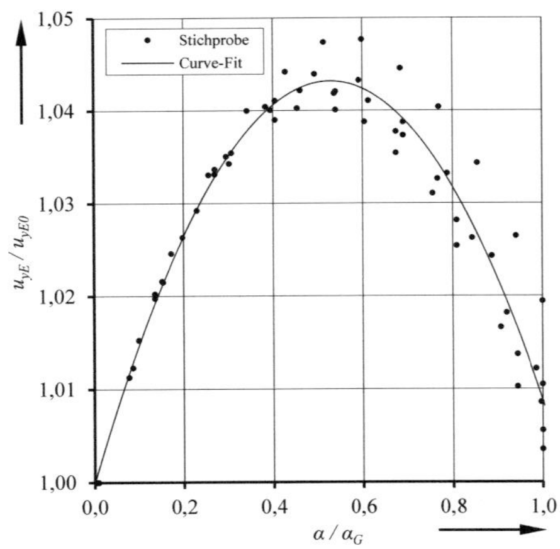

Diagramm 4.19: u_{yE0} / u_{yE0} in Abhängigkeit von α / α_G – Stichprobe und Curve-Fit

Es zeigt sich, dass mit zunehmendem Einspannwinkel der Wert der Endauslenkung u_{yE} zunächst zunimmt und sich für $\alpha / \alpha_G > 0,5$ wieder verringert. Im Diagramm ist ergänzend ein Curve-Fit für das beschriebene Verhalten dargestellt. Es ist ersichtlich, dass die Approximation der Stichprobenelemente deutlich ungenauer erfolgt als bei den Ausgleichsrechnungen in den vorangegangenen Abschnitten. Bei der Betrachtung des Wertebereiches für u_{yE} / u_{yE0} fällt zudem auf, dass sich u_{yE} um maximal 5 % von u_{yE0} unterscheidet. Der Einfluss des Einspannwinkels soll daher vernachlässigt werden, somit gilt näherungsweise:

$$u_{yE} \approx u_{yE0} \tag{4.17}$$

Aus Abschnitt 4.1.1 leitet sich ab, dass aufgrund der Punktsymmetrie der KVK für Einspannwinkel von $\alpha = 0°$ der Wert der Anfangsauslenkung u_{yA0} betragsmäßig dem Wert der Endauslenkung u_{yE0} entspricht. Damit gilt für die Endauslenkung:

$$u_{yE} \approx |u_{yA0}| \tag{4.18}$$

4.2.5. Auswertung der Extremstellen (Stützstelle B und D)

In Abschnitt 4.2.1 wurde beschrieben, dass sich die Lage und Ausprägung der Extremstellen in Abhängigkeit vom Einspannwinkel α verändert. Da die untersuchten KVK für Einspannwinkel $\alpha > 0°$ keine Punktsymmetrie zum Koordinatenursprung aufweisen, ist im Folgenden eine separate Betrachtung für die lokalen Extremstellen der

KVK erforderlich. Für die Auswertung der Extremstellen werden nachfolgend verschiedene Normierungen der Stichprobe vorgenommen. Die verwendeten Normierungsgrößen sind den nachfolgenden Diagrammen zu entnehmen.

Für die Stützstelle B sind die Ordinaten- und Abszissenwerte der Stichprobe in normierter Form in Diagramm 4.20 und Diagramm 4.21 dargestellt. Für die Stützstelle D erfolgt die Darstellung in Diagramm 4.22 und Diagramm 4.23. Für alle vier Graphen werden im Rahmen von Ausgleichsrechnungen die Beschreibungsgleichungen (4.19) bis (4.22) ermittelt. Es handelt sich, mit Ausnahme von Gleichung (4.20), um nichtlineare Abhängigkeiten. Grundsätzlich ist erkennbar, dass sowohl die Kräfte als auch die Verschiebungen in den Extremstellen mit zunehmendem Einspannwinkel betragsmäßig abnehmen. Wie bereits in Abschnitt 4.2.1 erkannt wurde, verschwindet für $\alpha = \alpha_G$ das lokale Maximum (Stützstelle B).

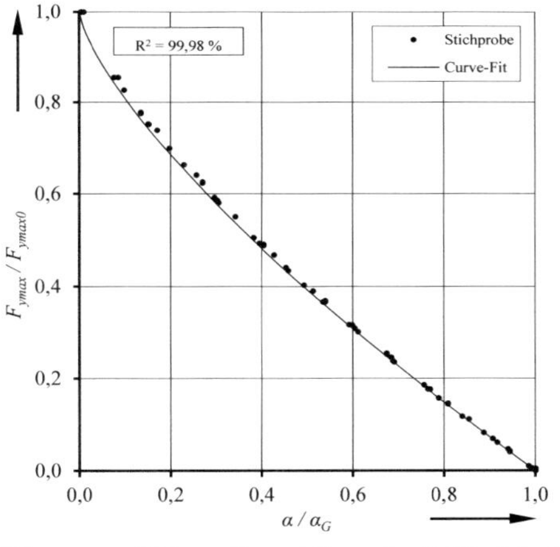

Diagramm 4.20: F_{ymax} / F_{ymax0} in Abhängigkeit von α / α_G – Stichprobe und Curve-Fit

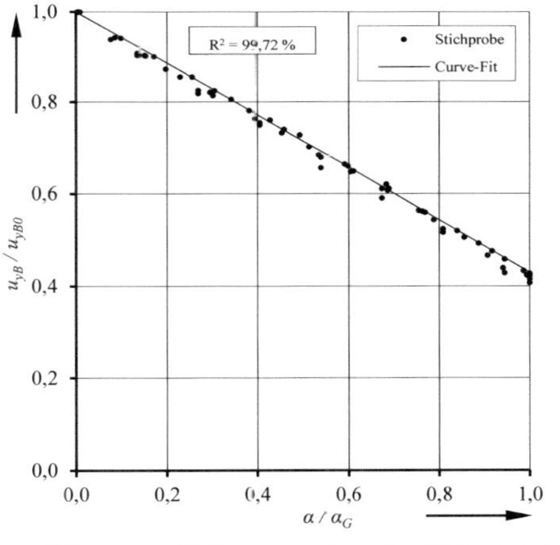

Diagramm 4.21: u_{yB} / u_{yB0} in Abhängigkeit von α / α_G – Stichprobe und Curve-Fit

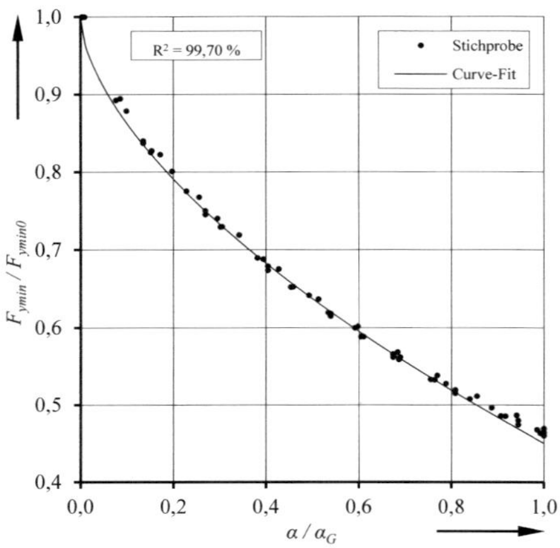

Diagramm 4.22: F_{ymin} / F_{ymin0} in Abhängigkeit von α / α_G – Stichprobe und Curve-Fit

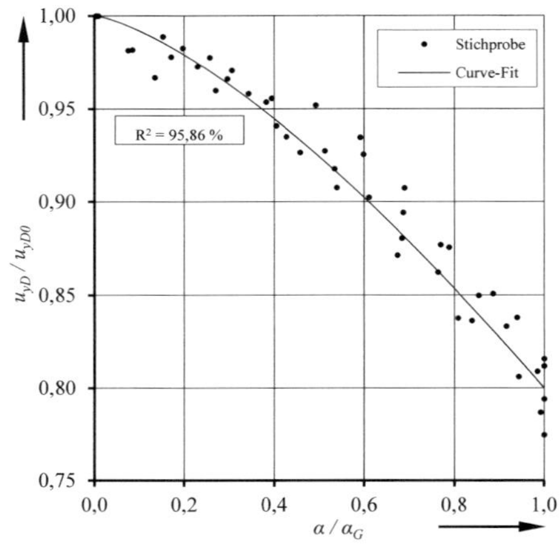

Diagramm 4.23: u_{yD} / u_{yD0} in Abhängigkeit von α / α_G – Stichprobe und Curve-Fit

$$F_{ymax} / F_{ymax0} = 1 - \left(\frac{\alpha}{\alpha_G} \right)^{0,72} \quad (4.19)$$

$$0 \leq \alpha \leq \alpha_G$$

$$u_{yB} / u_{yB0} = 1 - 0,57 \cdot \frac{\alpha}{\alpha_G} \quad (4.20)$$

$$F_{ymin} / F_{ymin0} = 1 - 0,55 \cdot \left(\frac{\alpha}{\alpha_G} \right)^{0,6} \quad (4.21)$$

$$0 \leq \alpha \leq \alpha_G$$

$$u_{yD} / u_{yD0} = 1 - 0,2 \cdot \left(\frac{\alpha}{\alpha_G} \right)^{1,4} \quad (4.22)$$

4.2.6. Auswertung der Stützstelle C

In Abschnitt 4.1.1 wurde die Stützstelle C als derjenige Punkt der KVK definiert, der sich zwischen den Stützstellen A und E befindet und in dem die Verschiebungskraft F_y den Wert Null annimmt. Bei der Beschreibung der KVK wird die Stützstelle C verwendet, um die Grenze zwischen dem positiven und negativen Kurvenabschnitt bezüglich der Verschiebungskräfte anzugeben.

Es wurde bereits vorweg genommen (Abschnitt 4.2.1), dass mit zunehmendem Einspannwinkel α die Stützstelle C ausgehend vom Koordinatenursprung in negativer

Abszissenrichtung verschoben wird. Für die Untersuchung der zugrundeliegenden Abhängigkeit wird eine Normierung der Stichprobe vorgenommen. Als Normierungsfaktor für die Ordinatenachse wird u_{yA0} verwendet (Anfangsauslenkung für den Einspannwinkel $\alpha = 0°$). Der Grund dafür ist darin zu sehen, dass zum einen die Normierung mit u_{yC0} nicht zulässig ist (Division durch Null), zum anderen ist eine Berechnungsvorschrift für u_{yA0} bereits aus Gleichung (4.5) bekannt.

Die resultierende normierte Stichprobe ist in Diagramm 4.24 dargestellt. Basierend auf der normierten Stichprobe wird ein Curve-Fit durchgeführt. Aufgrund der vergleichsweise einfachen Funktionsstruktur wird für die mathematische Beschreibung die Potenzfunktion nach Gleichung (4.23) ausgewählt. Für das Bestimmtheitsmaß wird ein Wert von $R^2 = 99{,}57\ \%$ ermittelt. Somit kann die Stichprobe mit einer akzeptablen Genauigkeit approximiert werden.

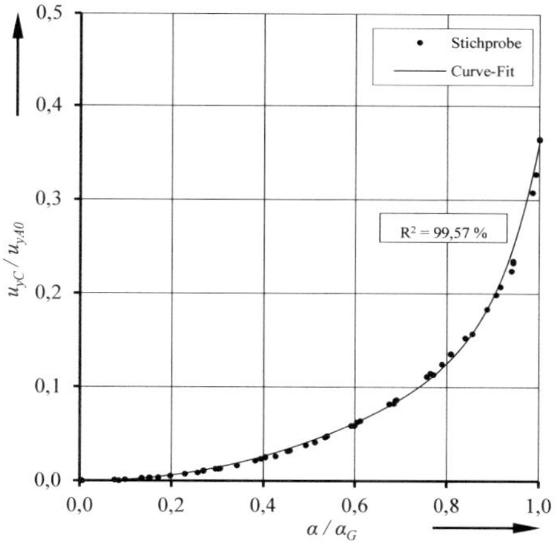

Diagramm 4.24: u_{yC} / u_{yA0} in Abhängigkeit von α / α_G – Stichprobe und Curve-Fit

$$u_{yC} / u_{yA0} = 0{,}18 \cdot \left[\left(\frac{\alpha}{\alpha_G} \right)^{2{,}1} + \left(\frac{\alpha}{\alpha_G} \right)^{12} \right] \tag{4.23}$$

4.3. Einspannwinkel $\alpha < 0°$

In den bisherigen Betrachtungen zum Einspannwinkel wurden für α stets positive Werte betrachtet. Es sind darüber hinaus aber auch negative Werte für den Einspannwinkel zu berücksichtigen. In Diagramm 4.25 sind exemplarisch die KVK eines Aufhängungselementes für negative Einspannwinkel dargestellt. In Diagramm 4.26 sind zur Gegenüberstellung die KVK für positive Einspannwinkel abgebildet. Beim Vergleich der beiden Diagramme ist erkennbar, dass die KVK für negative Einspannwinkel identisch zu den um 180° gedrehten KVK für positive Einspannwinkel sind (Drehpunkt ist der Koordinatenursprung). Die Drehung der KVK um 180° entspricht einer zweimaligen Spiegelung der KVK an der Ordinaten- und Abszissenachse. Die Reihenfolge der Spiegelung ist beliebig. Zur Veranschaulichung sind in Abbildung 4.1 die Anfangs- und Endlagen der nachgiebigen Aufhängungselemente für positive und negative Einspannwinkel überlagert dargestellt. Die gestrichelte Darstellung entspricht jeweils den Endlagen, das schwarz dargestellte Aufhängungselement steht für positive Einspannwinkel. Es ist ersichtlich, dass die Anfangslage des Aufhängungselementes für $\alpha > 0$ durch Spiegelung an der x-Achse zur Endlage für das Aufhängungselement für $\alpha < 0$ wird. Gleiches gilt umkehrt auch für die Endlage für $\alpha > 0$.

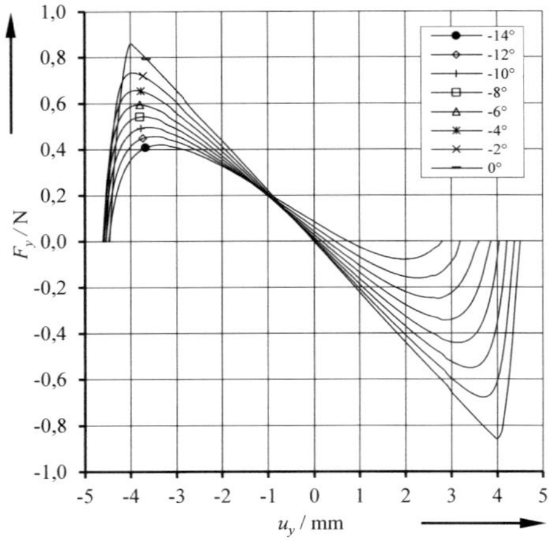

Diagramm 4.25: Kraft-Verschiebungs-Kennlinien für Einspannwinkel $\alpha \leq 0$ (l = 25 mm, d = 0,1 mm, v = 0,02)

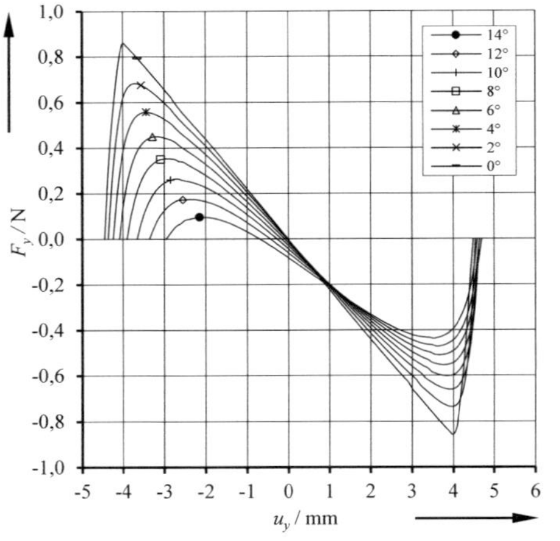

Diagramm 4.26: Kraft-Verschiebungs-Kennlinien für Einspannwinkel $\alpha \geq 0$ (l = 25 mm, d = 0,1 mm, v = 0,02)

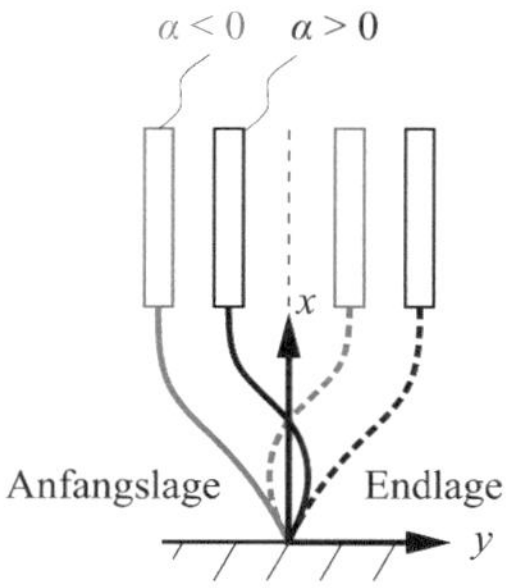

Abbildung 4.1: Anfangs- und Endlagen der nachgiebigen Aufhängungselemente für positive und negative Einspannwinkel (schematische Darstellung)

Die Berechnungsgleichungen für die Stützstellenparameter der KVK für negative Einspannwinkel lassen sich basierend auf den Gleichungen (4.16) bis (4.22) durch zweimalige Spiegelung ermitteln und sind nachfolgend aufgeführt. Für die Gleichungen (4.25) bis (4.29) gilt $-\alpha_G \leq \alpha \leq 0$.

$$u_{yA} \approx u_{yA0} \tag{4.24}$$

$$u_{yE} / u_{yE0} = \left(1 + 0,98 \cdot \frac{\alpha}{\alpha_G}\right)^{0,227} \tag{4.25}$$

$$F_{y\,max} / F_{ymax0} = 1 + 0,55 \cdot \left(\frac{\alpha}{\alpha_G}\right)^{0,6} \tag{4.26}$$

$$u_{yB} / u_{yB0} = 1 + 0,2 \cdot \left(\frac{\alpha}{\alpha_G}\right)^{1,4} \tag{4.27}$$

$$F_{y\,min} / F_{y\,min0} = 1 + \left(\frac{\alpha}{\alpha_G}\right)^{0,72} \tag{4.28}$$

$$u_{yD} / u_{yD0} = 1 + 0,57 \cdot \frac{\alpha}{\alpha_G} \tag{4.29}$$

4.4. Gültigkeitsbereich des Dimensionierungsmodells

Das in den vorangegangenen Abschnitten entwickelte Dimensionierungsmodell für nachgiebige vorgespannte Aufhängungselemente basiert auf numerischen Simulationen. Die Simulationen wurden für definierte Intervalle der Eingangsgrößen (Tabelle 4.1) des zugrundeliegenden FEM-Modells durchgeführt. Somit ist der Gültigkeitsbereich streng genommen auf die untersuchten Intervalle beschränkt. Es ist anzunehmen, dass das Modell auch über die Intervallgrenzen hinaus noch brauchbare Ergebnisse liefert, zur Qualität der Ergebnisse können jedoch keine pauschalen Aussagen getroffen werden. Es werden daher stichprobenartige Vergleichssimulationen empfohlen, wenn das Dimensionierungsmodell auf Werte außerhalb des untersuchten Bereiches angewendet wird. Im Anhang B sind in Diagramm B.7 bis Diagramm B.10 ausgewählte KVK aus den FEM-Simulationen und dem Dimensionierungsmodell vergleichend gegenübergestellt.

An dieser Stelle wird darauf hingewiesen, dass das Dimensionierungsmodell die Bestimmung der KVK von nachgiebigen Aufhängungselementen für gegebene Abmessungen ermöglicht oder sich umgekehrt zu vorgegebenen KVK die benötigten Abmessungen ermitteln lassen. Das Dimensionierungsmodell ist darüber hinaus nicht imstande, Aussagen zu den auftretenden mechanischen Spannungen zu treffen. Die maximalen auftretenden Spannungen können jedoch mit Hilfe der Nichtlinearen Theorie ermittelt werden. In Abschnitt 3.2.3 sind dazu die notwendigen Berechnungsgleichungen aufgeführt. Es wird daher nach erfolgter Dimensionierung empfohlen, für die ermittelten Abmessungen des Aufhängungselementes eine Überprüfung der auftretenden maximalen Spannungen (beispielsweise anhand von FE-Rechnungen) vorzunehmen.

4.5. Zusammenfassung des Kapitels

In den vorangegangenen Abschnitten wurden die Ergebnisse der numerischen Simulationen vorgestellt und diskutiert. Als Grundlage für die Auswertung dienten dabei die ermittelten KVK für die untersuchten Aufhängungselemente. Die Auswertung erfolgte anhand der charakteristischen Stützstellen der KVK.

Für die Simulationen mit einem Einspannwinkel von $\alpha = 0°$ wurde eine gemeinsame normierte Grundcharakteristik ermittelt, durch die sich die KVK allgemein beschreiben lassen. Auf der Basis von Ausgleichsrechnungen konnten nachfolgend wichtige Beschreibungsgleichungen formuliert werden, mit denen eine Skalierung der Grundcharakteristik möglich ist. Als Ergebnis ist ein Berechnungsmodell (Dimensionierungsmodell) entstanden. Mit Hilfe des Modells können die KVK für ein Aufhängungselement mit beliebigen Abmessungen bestimmt werden (im Rahmen des Gültigkeitsbereiches).

Bei der Auswertung der Simulationsergebnisse für Einspannwinkel $\alpha > 0°$ wurde erkannt, dass ein Grenzwinkel existiert, bei dem die zuvor bistabile Charakteristik der KVK in eine monostabile Charakteristik übergeht. Darüber hinaus wurde festgestellt, dass sich die Grundcharakteristik der KVK mit zunehmendem Einspannwinkel verändert. Es hat sich gezeigt, dass die Zusammenhänge für Einspannwinkel $\alpha > 0$ weitaus schwieriger zu beschreiben sind als für Einspannwinkel von $\alpha = 0°$. Es konnte schließlich auch für Einspannwinkel $\alpha > 0$ ein Beschreibungsmodell abgeleitet werden, mit dem die Lage der charakteristischen Stützstellen der KVK ermittelt werden kann.
Zur Beschreibung der KVK für negative Einspannwinkel konnte gezeigt werden, dass die notwendigen Beschreibungsgleichungen durch Transformation (180°-Drehung der KVK) aus den Gleichungen für $\alpha > 0$ abgeleitet werden können.

5. Experimentelle Validierung des Dimensionierungsmodells

Für die Überprüfung und Validierung der im Kapitel 4 vorgestellten Simulationsergebnisse und des daraus abgeleiteten Dimensionierungsmodells werden messtechnische Untersuchungen an realen Aufhängungselementen durchgeführt. Das Ziel besteht darin, zu untersuchen, inwieweit die Ergebnisse aus dem Dimensionierungsmodell mit den experimentell ermittelten Ergebnissen übereinstimmen.

5.1. Aufbau und Funktionsweise des Messsystems

In Abbildung 5.1 ist das technische Prinzip des Messsystems zur Ermittlung der KVK eines Aufhängungselementes dargestellt. Grundsätzlich besteht das System aus zwei Teilsystemen – der Verstellvorrichtung und dem Kraft-Weg-Messsystem. Die Verstellvorrichtung fixiert ein Ende des zu untersuchenden Aufhängungselementes und ermöglicht die Einstellung verschiedener Werte für den Vorspannweg v_x. Separat davon ist es möglich, den Einspannwinkel α zu variieren. Somit können mit Hilfe des Messsystems Untersuchungen für unterschiedliche Setups (v_x, α) durchgeführt werden. Die Einstellungen für v_x und α werden von Hand vorgenommen.

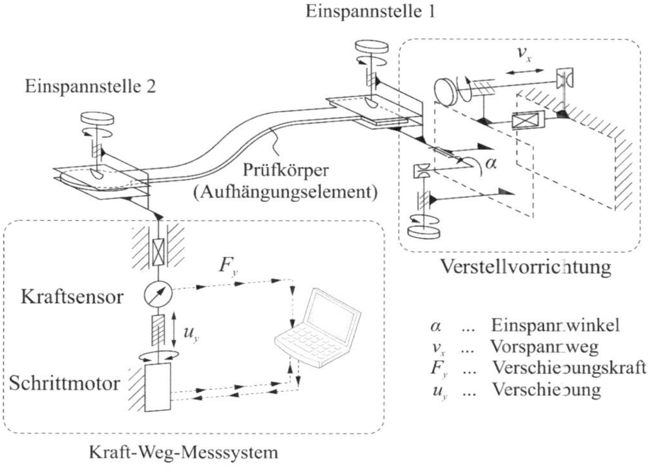

Abbildung 5.1: Technisches Prinzip des Messsystems

Das Kraft-Weg-Messsystem besteht in seinen Hauptkomponenten aus einem Linearantrieb, durch den die Einspannstelle 2 in axialer Richtung (Verschiebung u_y) bewegt werden kann. Mit Hilfe eines Kraftsensors wird die Verschiebungskraft F_y in Verschiebungsrichtung gemessen. Die Steuerung des Kraft-Weg-Messsystems und die Erfassung der Messdaten erfolgt mittels eines angeschlossenen PC-Systems. Da im Rahmen der experimentellen Überprüfung verschiedene Prüfkörper untersucht werden sollen, sind die Einspannstellen 1 und 2 für einen schnellen, werkzeuglosen Wechsel der Prüfkörper vorgesehen.

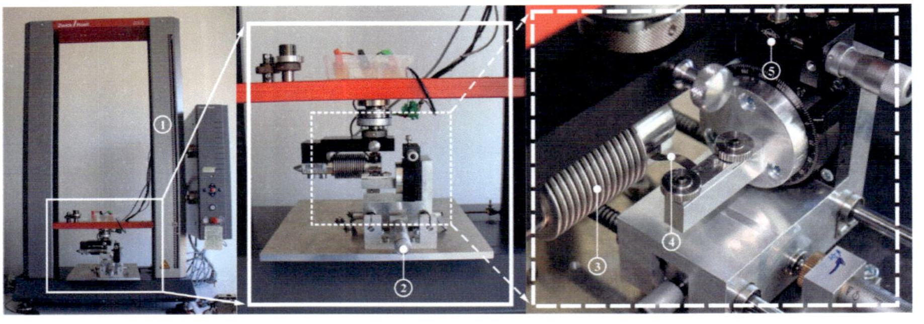

Abbildung 5.2: Messsystem zur experimentellen Ermittlung der KVK von Aufhängungselementen
1: Kraft-Weg-Messsystem *Zwick-Roell Z005* mit Verstellvorrichtung (Bildmitte); 2: Einstellung des Vorspannweges v_x; 3: Kraftsensor – Kraft F_y; 4: Prüfkörper (Aufhängungselement); 5: Einstellung des Einspannwinkels α

Die konstruktive Umsetzung des Messsystems ist in Abbildung 5.2 dargestellt. Als Kraft-Weg-Messsystem wird eine Universalprüfmaschine *Zwick-Roell-Z005* eingesetzt. Diese ist für die Realisierung der Messaufgabe geeignet. Es handelt es sich dabei um ein hochauflösendes PC-gesteuertes Ein-Achsen-Mess- und Positioniersystem, welches eine präzise Einstellung der Verschiebungswerte für u_y ermöglicht. Das Kraft-Weg-Messsystem wird durch die Integration der Verstellvorrichtung (eigene Sonderanfertigung) modifiziert und somit gezielt an die gestellte Messaufgabe angepasst. Das Messsystem ermöglicht aufgrund des zur Verfügung stehenden Bauraumes Untersuchungen an Aufhängungselementen mit einer maximalen Länge von $l = 50\,\text{mm}$. Die minimale Länge für die zu untersuchenden Aufhängungselemente beträgt $l = 25$ mm. Theoretisch könnten durch weitere Modifikationen auch kürzere Aufhängungselemente untersucht werden, jedoch ist von messtechnischer Seite dazu ein weiterer Aufwand zur Verbesserung der Verstell- und Messgenauigkeit erforderlich. Es ist außerdem zu

berücksichtigen, dass sich die Herstellung und Handhabung kleinerer Prüfkörper deutlich aufwändiger gestaltet.
Mit Hilfe der Verstellvorrichtung ist es möglich, Vorspannungen bis zu einem Wert von $v = 1,00$ einzustellen (der geometrische Vorspannweg v_x entspricht der Länge l des Aufhängungselementes). Von praktischer Relevanz sind jedoch nur Vorspannungen bis maximal $v = 0,10$. Der Einspannwinkel α kann stufenlos im Bereich von 0° bis 12° variiert werden. Das Kraft-Weg-Messsystem kann mit unterschiedlichen Kraftsensoren bestückt werden, je nach dem welcher Messbereich und welche Messgenauigkeit benötigt wird. Die Messungen im Rahmen dieser Arbeit werden mit demselben Kraftsensor durchgeführt. Die Nennkraft des verwendeten Kraftsensors (*Zwick-Roell Typ II Z6*) beträgt $F_N = 100\,\text{N}$, die relative Genauigkeit liegt bei 0,25 % vom Anzeigewert (Herstellerangaben).

5.2. Prüfkörper (Aufhängungselemente)

5.2.1. Grundgeometrie

Für die messtechnische Ermittlung der KVK werden Prüfkörper (Aufhängungselemente) aus nichtrostendem Federstahlband 1.4310 HS im Drahterosionsverfahren angefertigt. Es werden dabei Prüfkörper in verschiedenen Längen l und Materialstärken (Dicke d) untersucht. Zur Vermeidung von Fertigungstoleranzen zwischen den einzelnen Prüfkörpern werden die Prüfkörper gleicher Länge l in einem einzigen Schneidvorgang aus einem Bündel übereinanderliegender Stahlbänder hergestellt. Um sicherzustellen, dass an den Rändern der Prüfkörper kein Grat vorhanden ist, werden die Schnittkanten nach dem Schneidvorgang entgratet.
In Abbildung 5.3 ist die Grundgeometrie der zu untersuchenden Prüfkörper dargestellt. An den Enden der Prüfkörper ist jeweils eine Einspannstelle vorgesehen, über die der Prüfkörper mit der Verstellvorrichtung und dem Kraft-Weg-Messsystem gekoppelt wird. Die Geometrie der Einspannstellen an den Prüfkörpern ist auf das Messsystem angepasst. Um das werkzeuglose Einspannen des Prüfkörpers an der Messvorrichtung zu erleichtern, sind an den Einspannstellen Zentrier- bzw. Ausrichtbohrungen vorgesehen. Somit können potentielle Fehlerquellen, die sich durch das Einspannen und Ausrichten der unterschiedlichen Prüfkörper ergeben könnten, reduziert werden. Das eigentliche

Messobjekt – das nachgiebige Aufhängungselement – befindet sich zwischen den beiden Einspannstellen. Alle zu untersuchenden Prüfkörper besitzen in diesem Bereich eine konstante Breite von $b = 5\,\text{mm}$. Es werden drei verschiedene Längen l von 25 mm, 37,5 mm und 50 mm untersucht. Die gewählten Abmessungen ermöglichen eine bestmögliche Nutzung des an der Messvorrichtung zur Verfügung stehenden Arbeitsraumes. Für jede Grundgeometrie werden Prüfkörper in verschiedenen Materialstärken (Dicke d) von 0,10 mm, 0,12 mm, 0,15 mm, 0,17 mm und 0,20 mm untersucht.

5.2.2. Berücksichtigung der Walzrichtung

Aus werkstofftechnischer Sicht ist bekannt, dass die Walzrichtung des Federstahlbandes bei der Herstellung der Prüfkörper berücksichtigt werden muss, da der E-Modul für gewalzte Stahlbänder richtungsabhängig ist. Somit unterscheidet sich der E-Modul für Prüfkörper, die längs bzw. quer zur Walzrichtung aus dem Federstahlband entnommen werden. Untersuchungen an vergleichbaren Federstahlbändern, die durch das Fachgebiet Maschinenelemente an der Technischen Universität Ilmenau durchgeführt wurden, haben gezeigt, dass der E-Modul im Zugversuch für die quer zur Walzrichtung entnommenen Proben um bis zu 30 GPa über dem E-Modul der längs orientierten Proben liegt [Geinitz 2011]. Für die im Rahmen dieser Arbeit untersuchten Prüfkörper wird anhand von Zugversuchen für verschiedene Banddicken ein E-Modul zwischen 176 GPa und 193 GPa bei Längsorientierung bzw. zwischen 205 GPa und 210 GPa bei Querorientierung ermittelt (siehe Anhang B, Diagramm B.11). Für Prüfkörper gleicher Banddicke betragen die Unterschiede zwischen 16 GPa und 35 GPa.

Um Aussagen zum Einfluss der Walzrichtung auf die KVK der Aufhängungselemente treffen zu können, wird die Walzrichtung in den nachfolgenden Untersuchungen berücksichtigt. Es werden daher Prüfkörper untersucht, die jeweils längs zur Walzrichtung (nachfolgend L-Prüfkörper) und quer zur Walzrichtung (nachfolgend Q-Prüfkörper) aus den Federstahlbändern entnommen werden (Abbildung 5.4).

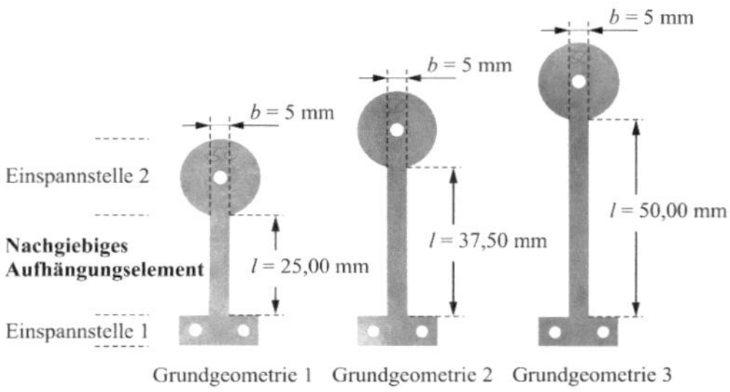

Abbildung 5.3: Grundgeometrie 1 bis 3 der Prüfkörper

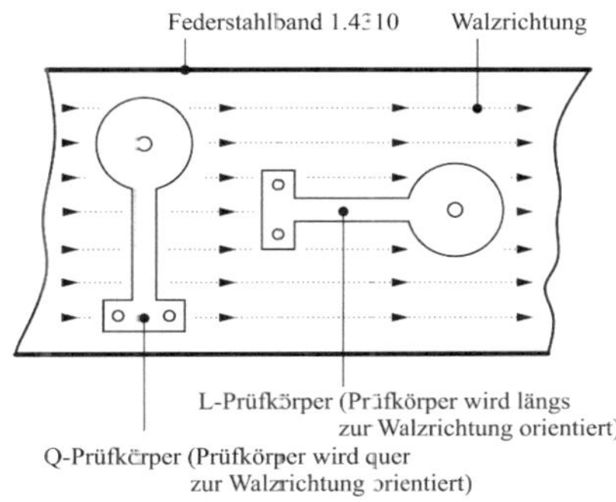

Abbildung 5.4: Orientierung der Prüfkörper zur Walzrichtung

5.2.3. Kennzeichnung der Prüfkörper und Setups für die Messung

Aufgrund der Vielzahl der zu untersuchenden Prüfkörper mit den zugehörigen Setups für die Messungen, wird eine Systematik zur Kennzeichnung von Prüfkörpern und Setups eingeführt. Dadurch kann jedes einzelne Setup eindeutig identifiziert werden, wodurch insbesondere die Auswertung der Ergebnisse erheblich erleichtert wird. Anhand der Kennzeichnung ist es außerdem möglich, wesentliche Informationen zum Prüfkörper und zu den Parametern des Setups direkt abzulesen. Die Systematik der Kennzeichnung ist in Abbildung 5.5 dargestellt.

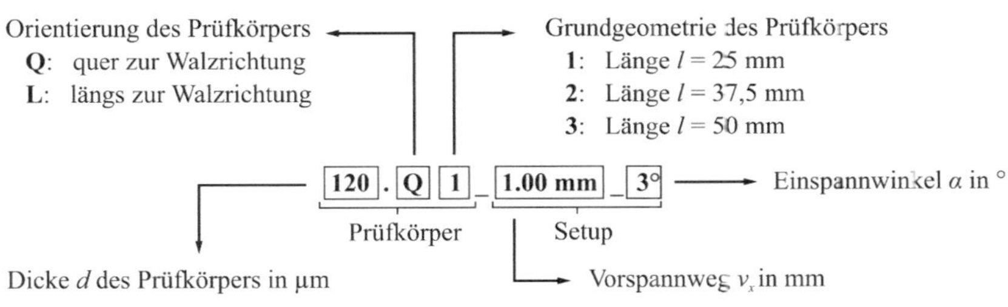

Abbildung 5.5: Systematik für die Kennzeichnung der Setups

Die Kennzeichnung setzt sich aus zwei Hauptteilen zusammen. Der erste Teil kennzeichnet dabei den Prüfkörper und beinhaltet Informationen zu dessen Materialstärke (Dicke d in Mikrometer). Außerdem lässt sich ablesen, ob es sich um einen Q-Prüfkörper oder um einen L-Prüfkörper handelt und welche Grundgeometrie (1, 2, 3) der Prüfkörper besitzt. Der zweite Teil enthält Informationen zum Setup der Messung und gibt Auskunft über den eingestellten Vorspannweg v_x und den Einspannwinkel α. Bei der späteren

Auswertung ist damit eine eindeutige und schnelle Zuordnung der Messergebnisse möglich.

5.3. Durchführung der Messungen

Bei der Durchführung der Messungen werden für jede Grundgeometrie Prüfkörper in fünf verschiedenen Dicken zwischen 100 µm und 200 µm untersucht. Um den Einfluss zufälliger Fehler zu reduzieren, wird jede Messung dreimal durchgeführt. Für jeden Prüfkörper werden Messungen mit Vorspannungen zwischen $v = 0,02$ und $v = 0,06$ bei einer Schrittweite von 0,01 durchgeführt. Für den Einspannwinkel werden Werte von 0°, 3°, 6°, 9° und 12° untersucht.

Es ist vorgesehen, dass jeder Prüfkörper nur einmal zu Beginn einer Messreihe in der Messvorrichtung eingespannt wird und alle Messungen für den Prüfkörper nacheinander durchgeführt werden. Damit soll sichergestellt sein, dass Einflüsse, die durch den Wechsel der Prüfkörper auftreten könnten, vermieden werden.

Im Vorfeld der Messungen wird ein Ablaufplan ausgearbeitet, der ein systematisches Vorgehen für jede Einzelmessung festlegt. Der Ablauf sieht vor, dass der Kraftsensor des Messsystems nach dem Einsetzen des Prüfkörpers zunächst abgeglichen wird (Setzen des Nullpunktes für die Kraftmessung). Der Abgleich ist beim Wechsel der Prüfkörper unerlässlich, da das unterschiedliche Eigengewicht der Prüfkörper zu einem Offsetwert am Kraftsensor führt. Aufgrund der unterschiedlichen Dicken d der Prüfkörper muss auch der Nullpunkt des Wegmesssystems (Nullpunkt für die Verschiebung u_y) abgeglichen werden.

Vor Beginn einer Messreihe wird der Prüfkörper zunächst mit dem Kraft-Weg-Messsystem gekoppelt. Der Koppelvorgang muss so erfolgen, dass der ebene und unbelastete Prüfkörper ohne Kraftaufwand in die Zentrierstifte der Einspannstellen 1 und 2 eingesetzt werden kann. Damit das Einsetzen ohne Kraftaufwand möglich ist, muss die Einspannstelle 2 des Kraft-Weg-Messsystems relativ zu der in y-Richtung fixierten Einspannstelle 1 ausgerichtet werden. Dazu wird das Kraft-Weg-Messsystem in Richtung von u_y verfahren, so dass sich beide Einspannstellen auf gleichem y-Niveau befinden. Der Einspannwinkel α an der Einspannstelle 1 muss zuvor auf einen Wert von 0° eingestellt werden. Der Verschiebungswert u_y, der in dieser Position am Kraft-Weg-Messsystem abgelesen werden kann, markiert den Nullpunkt für die Wegmessung. Nach dem Einsetzen des Prüfkörpers wird dieser anschließend an den Einspannstellen kraft- und formschlüssig mit dem Messsystem gekoppelt. Beim Einsetzen des Prüfkörpers ist der Vorspannweg noch auf den Wert $v_x = 0$ eingestellt. Erst nach dem Fixieren des Prüfkörpers werden die Werte für α und v_x eingestellt.

Bevor die Messung gestartet werden kann, muss in der Steuersoftware des Kraft-Weg-Messsystems der Endwert für die Verschiebung u_{yE} (Kapitel 4.1) eingestellt werden. Bei Erreichen des Endwertes wird die Messung automatisch beendet. Die Messung selbst erfolgt autonom und wird vom PC gesteuert.

Nach Abschluss der Messung werden die Messergebnisse zunächst augenscheinlich begutachtet. Dabei wird darauf geachtet, dass eine vollständige Aufzeichnung der Messdaten vorliegt[16]. Außerdem wird auf offensichtliche Messfehler geachtet, die sich beispielsweise durch auffällige Abweichungen zwischen Messwertkurven äußern können. Zuletzt werden die Messdaten exportiert und für die abschließende Auswertung aufbereitet.

Verfahrgeschwindigkeit des Messsystems

Im Vorfeld der Messungen ist es erforderlich, Werte für Setupparameter festzulegen, die die Steuerung des Kraft-Weg-Messsystems betreffen. Einen wichtigen Parameter stellt die Verfahrgeschwindigkeit des Kraft-Weg-Messsystems dar. Aus messtechnischer Sicht sollte die Verfahrgeschwindigkeit möglichst klein gewählt werden, um Trägheitseffekte während der Messungen zu vermeiden. Andererseits muss jedoch ein Kompromiss zwischen Verfahrgeschwindigkeit und resultierendem Zeitaufwand geschlossen werden.

Für die Messungen im Rahmen dieser Arbeit wird eine Verfahrgeschwindigkeit des Kraft-Weg-Messsystems von konstant 1 mm/s eingestellt. Dieser Wert wird im Vorfeld der Messungen empirisch ermittelt, indem die Verfahrgeschwindigkeit sukzessive soweit gedrosselt wird, bis sich keine signifikanten Änderungen zwischen den gemessenen Kraft-Weg-Kennlinien mehr feststellen lassen. Somit können dynamische Effekte vernachlässigt werden.

[16] Eine Messung kann vorzeitig beendet werden, wenn beispielsweise definierte Maximalkräfte überschritten werden.

Auflösung des Messsystems

Die Auflösung des Messsystems ist abhängig vom Absolutwert der Verschiebung u_y, die für die jeweilige Messung durch das Kraft-Weg-Messsystems eingeprägt wird. Entlang des Verschiebungsbereiches werden für jede Messung insgesamt 1000 äquidistante Messpunkte aufgenommen. Bei einem Verschiebungsbereich von beispielsweise 20 mm entspricht die Wegauflösung somit 20 µm. An jedem Messpunkt wird ein Wertepaar bestehend aus dem Verschiebungswert u_y und dem zugehörigen Wert der Verschiebungskraft F_y aufgezeichnet.

5.4. Auswertung der Messdaten

Im folgenden Abschnitt werden die Ergebnisse der Messungen vorgestellt. Aufgrund der Menge an vorliegenden Messdaten (etwa 750 Datensätze) ist eine separate Auswertung für jedes untersuchte Setup nicht sinnvoll möglich. Daher werden zunächst ausgewählte KVK vorgestellt und aus qualitativer Sicht beurteilt. Im Anschluss wird eine Strategie erläutert, die für die statistische Auswertung der vorliegenden Messdaten angewendet wird.

5.4.1. Ausgewählte Kraft-Verschiebungs-Kennlinien

In Diagramm 5.1 sind die messtechnisch ermittelten KVK für den Prüfkörper 150.Q3 für unterschiedliche Vorspannwege v_x von 1,00 mm bis 3,00 mm und den Einspannwinkel $\alpha = 0°$ dargestellt. Die Länge des untersuchten Aufhängungselementes beträgt $l = 50$ mm bei einer Materialstärke (Dicke) von $d = 0{,}15$ mm. Es handelt sich um einen quer zur Walzrichtung orientierten Prüfkörper. In Diagramm 5.2 sind zur Gegenüberstellung die KVK für den Prüfkörper 150.L3 dargestellt. Beide Prüfkörper unterscheiden sich durch ihre Orientierung zur Walzrichtung.

Bei der visuellen Auswertung der KVK für beide Prüfkörper werden zunächst die Verlaufsmerkmale (charakteristische Stützstellen) der Kennlinien untersucht, die basierend auf den numerischen Simulationen in Abschnitt 4.1.1 beschrieben wurden. Neben den beiden lokalen Extremstellen (Stützstelle B und D) existieren drei Nullstellen (Stützstelle A, C und E). Außerdem ist die typische Punktsymmetrie der Kennlinien zum Koordinatenursprung zu erkennen. Für zunehmende Vorspannwege v_x nehmen die Kräfte

$F_{y\,max\,0}$ und $F_{y\,min\,0}$ in den lokalen Extremstellen betragsmäßig ab, dabei nehmen auch die Beträge von Anfangsauslenkung u_{yA0} und Endauslenkung u_{yE0} ab. Es ergibt sich somit die erwartete ineinander geschachtelte, skalierte Gestalt der KVK. Im Unterschied zu den numerisch ermittelten KVK ist zu erkennen, dass die messtechnisch ermittelten KVK im Bereich der Extremstellen weniger steil verlaufen und tendenziell einen „weicheren" Übergang zwischen steigendem und fallendem Kennlinienabschnitt aufweisen. Im direkten Vergleich der Kennlinien für beide Prüfkörper zeigt sich, dass die Kräfte für den quer zur Walzrichtung orientierten Prüfkörper 150.Q3 deutlich über den Kräften für den Prüfkörper 150.L3 liegen.

Die visuelle Auswertung für die weiteren durchgeführten Messungen für Einspannwinkel $\alpha = 0°$ zeigt, dass die dargestellten Kennlinien in Diagramm 5.1 und Diagramm 5.2 als repräsentative Vertreter für die gesamte untersuchte Stichprobe angesehen werden können. Die Ergebnisse der numerischen Simulationen für $\alpha = 0°$ können somit anhand der vorliegenden messtechnisch ermittelten KVK qualitativ bestätigt werden.

In Diagramm 5.3 und Diagramm 5.4 sind die KVK der Prüfkörper 150.Q3 und 150.L3 für Einspannwinkel $\alpha \geq 0°$ und bei einem Vorspannweg von $v_x = 2{,}00$ mm dargestellt. Für den Prüfkörper 150.Q3 bestätigt sich die qualitative Charakteristik, die bereits in Abschnitt 4.2.1 auf Basis der numerischen Simulationen ermittelt wurde. Mit zunehmendem Einspannwinkel nehmen die Kräfte $F_{y\,max}$ und $F_{y\,min}$ sowie der Betrag der Anfangsauslenkung u_{yA} ab. Die Endauslenkung u_{yE} bleibt nahezu unverändert.

Bei der Auswertung der Ergebnisse für den Prüfkörper 150.L3 sind für einige KVK deutliche Ausreißer zu erkennen. Beispielsweise liegt der Maximalwert der Kraft für $\alpha = 6°$ in Diagramm 5.4 (siehe Pfeil) oberhalb des Maximums für $\alpha = 0°$. Diese Beobachtung kann für weitere Messungen an den längs zur Walzrichtung orientierten Prüfkörpern bestätigt werden. Dabei sind nicht nur die Setups für $\alpha = 6°$ auffällig. Für die quer zur Walzrichtung orientierten Prüfkörper können solche Ausreißer nicht nachgewiesen werden.

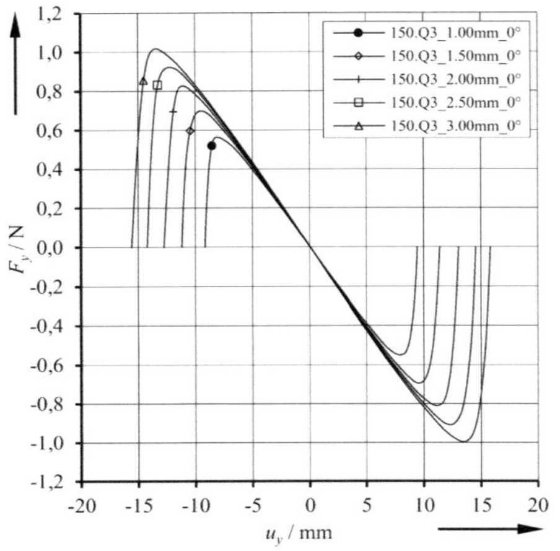

Diagramm 5.1: Kraft-Verschiebungs-Kennlinie für den Prüfkörper 150.Q3 ($\alpha = 0°$)

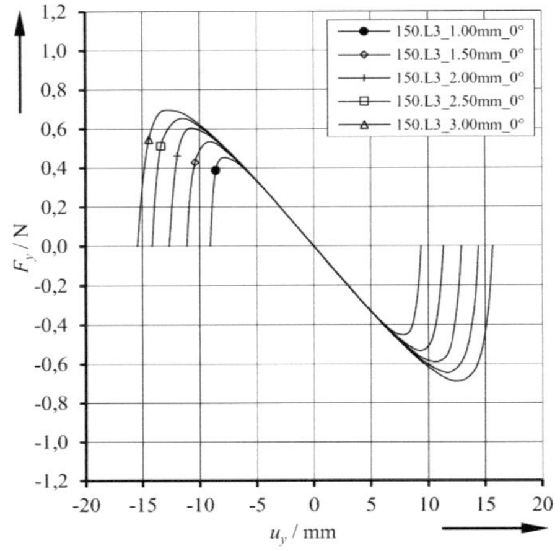

Diagramm 5.2: Kraft-Verschiebungs-Kennlinie für den Prüfkörper 150.L3 ($\alpha = 0°$)

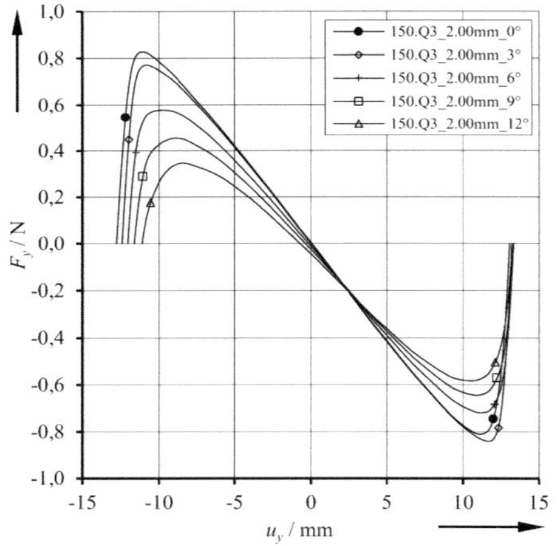

Diagramm 5.3: Kraft-Verschiebungs-Kennlinie für den Prüfkörper 150.Q3 ($\alpha \geq 0°$, $v_x = 2{,}00$ mm)

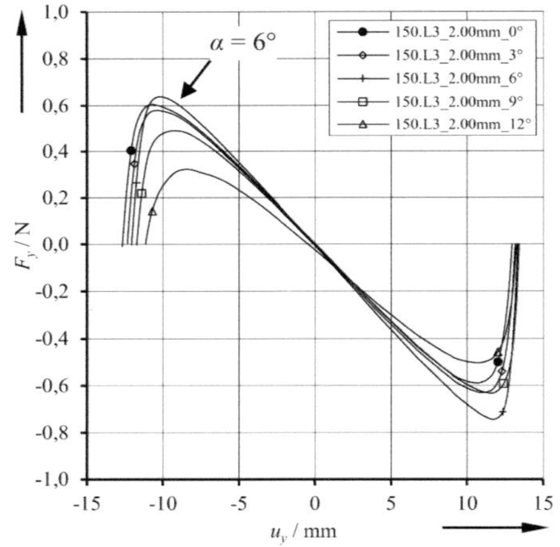

Diagramm 5.4: Kraft-Verschiebungs-Kennlinie für den Prüfkörper 150.L3 ($\alpha \geq 0°$, $v_x = 2{,}00$ mm)

Aufgrund der scheinbar systematischen Abweichung der L-Prüfkörper vom erwarteten qualitativen Verlauf werden die Q-Prüfkörper einer genaueren Betrachtung unterzogen. Dabei ist auffällig, dass einige L-Prüfkörper nach den Messungen bleibende Verformungen aufweisen (Abbildung 5.6), was auf ein Überschreiten der zulässigen mechanischen Spannungen im Material hindeutet (Abschnitt 3.2.3). An den vergleichbaren

Q-Prüfkörpern sind augenscheinlich keine Deformationen zu erkennen. Daher werden für die weitere Auswertung nur die Messungen an den Q-Prüfkörpern berücksichtigt, die L-Prüfkörper werden von der Auswertung ausgeschlossen.

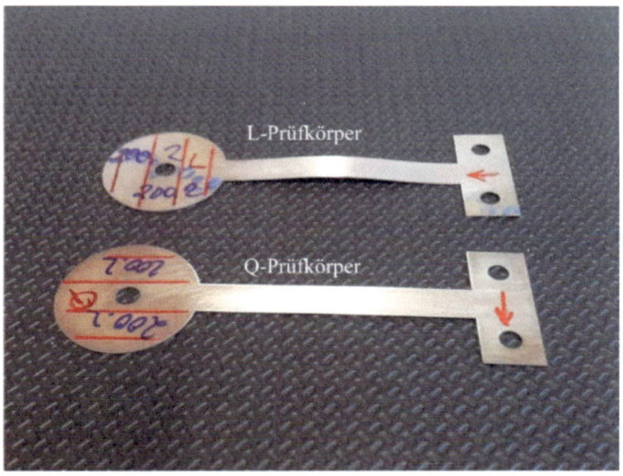

Abbildung 5.6: Zustand der Prüfkörper nach der Messung (Abmessungen identisch)

5.4.2. Auswertestrategie

Der visuelle Vergleich der Messergebnisse mit den numerisch ermittelten Ergebnissen hat bereits gezeigt, dass der charakteristische Verlauf der KVK durch die Messungen bestätigt werden kann. Im Weiteren soll eine quantitative Auswertung der Messergebnisse [17] erfolgen. Das Ziel besteht darin, anhand statistisch gesicherter Ergebnisse die Korrelation von Messung und Dimensionierungsmodell zu überprüfen. Nachfolgend wird die dazu angewandte Auswertestrategie beschrieben.

Für die Auswertung der Messdaten werden die charakteristischen Stützstellen A, B, D, und E betrachtet (siehe Abschnitt 4.1.1). Für die Stützstelle C erfolgt keine separate Auswertung. Jede Messung wurde insgesamt dreimal nacheinander ausgeführt. Aus den Einzelmessungen wird eine Mittelwertkurve gebildet, anschließend werden die Werte $F_y(u_y)$ in den charakteristischen Stützstellen ermittelt. Um Aussagen zur Korrelation von Messung und Dimensionierungsmodell treffen zu können, werden zunächst vergleichbare Datenbasen aus dem Experiment und dem Dimensionierungsmodell benötigt. Für das Dimensionierungsmodell wird die Datenbasis mit Hilfe der Berechnungsgleichungen für

[17] Die Bezeichnung *Messergebnisse* bezieht sich nachfolgend ausschließlich auf die Messergebnisse der Q-Prüfkörper.

die Stützstellen aus Kapitel 4 erstellt. Die Berechnung der Vergleichsdaten erfolgt für jedes in den Messungen untersuchte Setup mit den entsprechenden Sollwerten für Vorspannung, Einspannwinkel, Länge, Dicke und Breite der Prüfkörper. Für den E-Modul werden die messtechnisch ermittelten Werte aus Abschnitt 5.2.2 verwendet. Nach der Erzeugung der Vergleichsdatenbasis wird für jede betrachtete Stützstelle der KVK das Verhältnis aus Messwert und dem korrespondierenden Vergleichswert aus dem Dimensionierungsmodell gebildet. Die resultierenden Verhältniswerte q_X mit $X = \left[u_{yA}, u_{yB}, u_{yD}, u_{yE}, F_{y\max}, F_{y\min}\right]$ werden anhand von Gleichung (5.1) ermittelt.

$$q_X = \frac{X_{Messung}}{X_{Berechnung}}$$

$$X = \left[u_{yA}, u_{yB}, u_{yD}, u_{yE}, F_{y\max}, F_{y\min}\right] \qquad X_{Berechnung} \neq 0 \tag{5.1}$$

Der ermittelte Wert von q_X für eine einzelne Messung lässt folgende Aussagen zu:

1. Für $q_X < 1$ ist der experimentell ermittelte Stützstellenwert betragsmäßig kleiner als der anhand der Dimensionierungsgleichungen berechnete Wert.
2. Für $q_X > 1$ ist der experimentell ermittelte Stützstellenwert betragsmäßig größer als der anhand der Dimensionierungsgleichungen berechnete Wert.
3. Für $q_X = 1$ liegt eine Überstimmung von Messwert und Berechnungswert vor.

Erwartungsgemäß werden die ermittelten Einzelwerte von q_X um einen Mittelwert $\overline{q}_X$ streuen, da die Messergebnisse immer gewissen Messunsicherheiten unterliegen. Im Rahmen der statistischen Auswertung sollen daher der Mittelwert $\overline{q}_X$, die Standardabweichung der Einzelmessung σ sowie der Standardfehler des Mittelwertes σ_n berechnet werden. Die verwendeten Berechnungsgleichungen sind im Anhang C aufgeführt.

Bevor die eigentliche Auswertung erfolgt, sollen zunächst Messausreißer eliminiert werden. Zur Erkennung von Ausreißern werden Box-Plots verwendet. Bei einem Box-Plot wird der Bereich, in dem sich die mittleren 50 % der Daten befinden, durch eine Box gekennzeichnet. Die Länge der Box entspricht dem Interquartilsabstand (IQR), d. h. dem Abstand zwischen dem 25 %- und 75 %-Quartil. Bei einer normalverteilten Stichprobe befinden sich 95 % der Daten innerhalb des 1,5-fachen Interquartilsabstandes – ausgehend von der Begrenzung der Box. Alle Daten, die weiter entfernt liegen, werden als Ausreißer betrachtet, bei mehr als dem 3-fachen des Interquartilsabstandes handelt es sich um extreme Ausreißer. Der Vorteil der beschriebenen Vorgehensweise liegt darin, dass Messausreißer durch eine objektive statistische Methode identifiziert werden können.

5.4.3. Auswertung der Box-Plots

Die Vorgehensweise zur Ermittlung der q-Werte wurde im vorangegangenen Abschnitt erläutert. Die zugrundeliegenden Messergebnisse und die anhand der Dimensionierungsgleichungen berechneten Vergleichsdaten sind zusammen mit den ermittelten q-Werten im Anhang D aufgeführt. Auf Basis der q-Werte werden mit der Software EXCEL® 2016 die nachfolgenden Box-Plots erstellt.

In Diagramm 5.5 sind die Box-Plots für q_{Fymax} und q_{Fymin} dargestellt. Die querverlaufende Linie innerhalb der Boxen markiert den Median-Wert, die x-förmige Markierung repräsentiert den Mittelwert der Stichprobe (Ausreißer fließen an dieser Stelle noch in den Mittelwert ein). Ausgehend von der Box sind oberhalb und unterhalb die sogenannten Whisker (Antennen) zu erkennen, die durch eine senkrechte Linie mit abschließendem Querstrich gekennzeichnet sind. Alle Datenpunkte außerhalb der Whisker werden aus statistischer Sicht als Ausreißer betrachtet. Die zugrundeliegenden Statistikwerte für den Box-Plot sind in der nebenstehenden Tabelle aufgeführt. Es ist zu entnehmen, dass der Medianwert für q_{Fymax} und q_{Fymin} geringfügig größer ist als der korrespondierende Mittelwert. Das deutet darauf hin, dass die Verteilung der Stichprobenelemente eine leichte Asymmetrie aufweist. Ausreißer innerhalb der Stichprobe werden demnach vorzugsweise für q-Werte anzutreffen sein, die sich unterhalb der Box befinden. Im Diagramm sind diese Ausreißer gut zu erkennen. Die Streuung der q-Werte lässt sich anhand des Interquartilsabstandes IQR (Höhe der Box) beurteilen. Für q_{Fymax} und q_{Fymin} ergeben sich Werte von 0,15 bzw. 0,13. Somit liegt für beide q-Werte eine ähnliche Verteilung der Datenpunkte vor. Eine weitere Auswertung wird an dieser Stelle noch nicht vorgenommen, da die Ergebnisse im nachfolgenden Abschnitt gesondert behandelt werden.

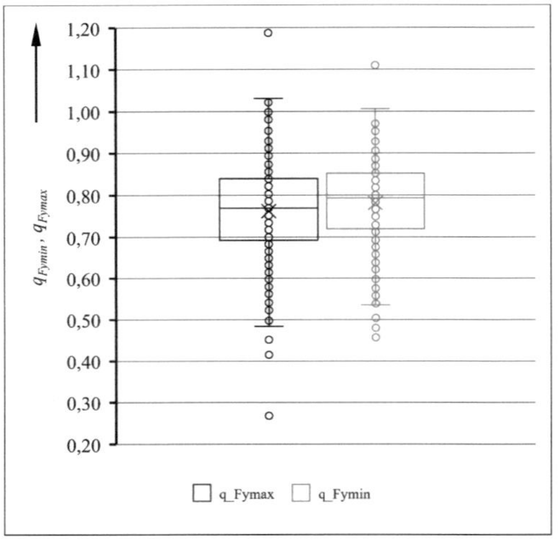

	$q_{Fy\,max}$	$q_{Fy\,min}$
Median	0,77	0,79
Mittelwert	0,76	0,78
75 % Quartil	0,84	0,85
25 % Quartil	0,69	0,72
IQR	0,15	0,13
Oberer Whisker	1,03	1,01
Unterer Whisker	0,48	0,53

Diagramm 5.5: Box-Plot für q_{Fymax} und q_{Fymin} (nebenstehende Tabelle zeigt die Statistikwerte)

Die Auswertung für q_{uyA} und q_{uyE} (Diagramm 5.6) zeigt, dass die Median- und Mittelwerte ebenfalls sehr eng beieinander liegen, wobei analog zu Diagramm 5.5 eine leichte Asymmetrie der Verteilungsfunktion vorliegt. Für q_{uyE} können zwei extreme Ausreißer ermittelt werden, die im Box-Plot bei Werten um 0,50 zu erkennen sind. Insgesamt ist festzustellen, dass die Streuung für q_{uyA} und q_{uyE} – mit Werten von 0,04 bzw. 0,03 – deutlich geringer ausfällt als beispielsweise für $q_{Fy\,max}$ und $q_{Fy\,min}$.

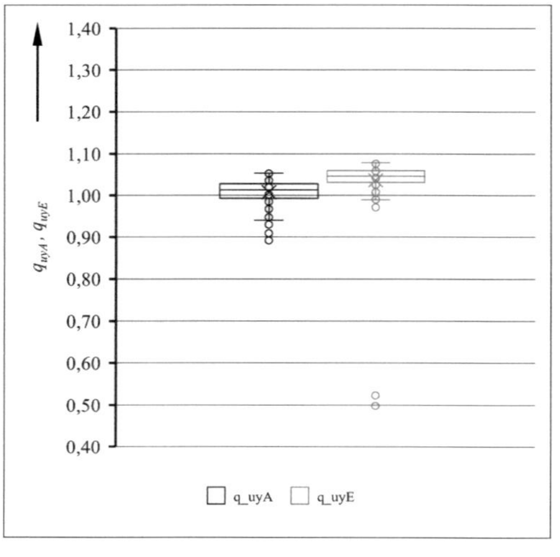

	q_{uyA}	q_{uyE}
Median	1,01	1,05
Mittelwert	1,01	1,04
75 % Quartil	1,03	1,06
25 % Quartil	0,99	1,03
IQR	0,04	0,03
Oberer Whisker	1,05	1,08
Unterer Whisker	0,94	0,99

Diagramm 5.6: Box-Plot für q_{uyA} und q_{uyE} (nebenstehende Tabelle zeigt die Statistikwerte)

Die Box-Plots für q_{uyB} und q_{uyD} (Diagramm 5.7) liefern ein ähnliches Bild wie für q_{uyA} und q_{uyE}. Die Medianwerte liegen sehr dicht bei den Mittelwerten, die Streuung der q-Werte ist mit 0,06 bzw. 0,05 geringfügig größer. Extreme Ausreißer sind nur für q_{uyB} auszumachen.

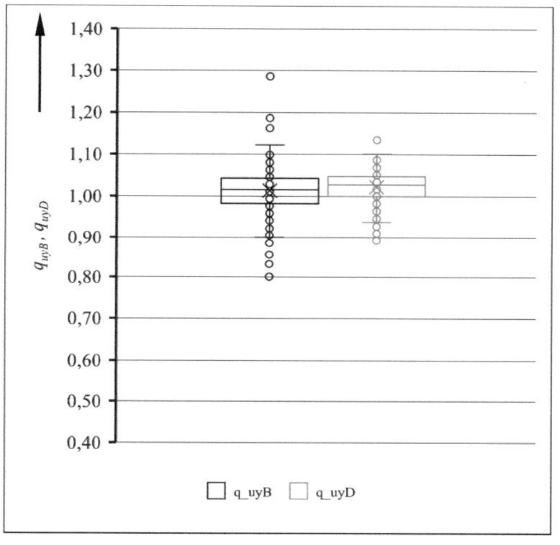

	q_{uyB}	q_{uyD}
Median	1,02	1,03
Mittelwert	1,01	1,02
75 % Quartil	1,04	1,05
25 % Quartil	0,98	1,00
IQR	0,06	0,05
Oberer Whisker	1,12	1,10
Unterer Whisker	0,90	0,94

Diagramm 5.7: Box-Plot für q_{uyB} und q_{uyD} (nebenstehende Tabelle zeigt die Statistikwerte)

Anhand der Box-Plots zeigt sich, dass von den vorliegenden Messdaten (375 Setups) insgesamt 38 untersuchte Setups als Ausreißer einzustufen sind. Insbesondere Setups, bei denen große Einspannwinkel in Kombination mit kleinen Vorspannungen untersucht werden, stellen sich vergleichsweise häufig als Ausreißer dar. Besonders auffällig zeigen sich auch die Ergebnisse für den Prüfkörper 200.Q1. Nahezu 50 % der Messungen an diesem Prüfkörper werden aus statistischer Sicht als Ausreißer erkannt. Aufgrund dieser Beobachtung werden alle Messungen für den Prüfkörper 200.Q1 von der weiteren Auswertung ausgeschlossen.

Anmerkung:

Für die weitere Auswertung wird davon ausgegangen, dass die Verteilung der betrachteten Stichprobe – trotz der leichten Asymmetrie – in guter Näherung durch die *Gaußsche Normalverteilung* beschrieben werden kann.

5.4.4. Ergebnis der Messungen

Gemäß *„Guide to the expression of uncertainty in measurement"* (GUM) [ISO 2008] erfolgt die Darstellung des Messergebnisses durch die Angabe des Mittelwertes $\overline{q}$ und der Unsicherheit des Mittelwertes $k \cdot \sigma_n$. In der vorliegenden Auswertung wird der durch den GUM empfohlene Vertrauensbereich von 95 % betrachtet. Bei unterstellter Normalverteilung der Stichprobe ergibt sich somit ein Überdeckungsgrad von $k = 2$. Die im vorangegangenen Abschnitt identifizierten Ausreißer werden nachfolgend nicht mehr berücksichtigt. Es ist zu beachten, dass die angegebene Unsicherheit des Mittelwertes nur die Unsicherheiten vom „Typ A" berücksichtigt. Damit sind diejenigen Unsicherheiten bezeichnet, die anhand statistischer Auswertemethoden abgeschätzt werden können.

Für die q-Werte, die sich auf die Verschiebungen u_y in den charakteristischen Stützstellen beziehen, werden folgende Ergebnisse ermittelt (Vertrauensbereich 95 %):

$$q_{uyA} = 1,012 \pm 0,002$$
$$q_{uyE} = 1,047 \pm 0,002$$
$$q_{uyB} = 1,013 \pm 0,005$$
$$q_{uyD} = 1,028 \pm 0,003$$

Es ist zunächst festzustellen, dass die q-Werte für u_y durchweg sehr nah an dem Erwartungswert 1 liegen. Die größten Abweichungen zwischen Experiment und Dimensionierungsmodell von rund 5 % werden für q_{uyE} ermittelt. Für q_{uyA}, q_{uyB} und q_{uyD} betragen die Abweichungen zwischen 1 % bis 3 %. In diesem Zusammenhang soll darauf hingewiesen werden, dass bei der Entwicklung des Dimensionierungsmodells – für Einspannwinkel $\alpha > 0°$ – als Vereinfachung $u_{yE} \approx u_{yE0}$ angenommen wurde (siehe Abschnitt 4.2.4). Es ist somit naheliegend, dass die Abweichung für q_{uyE} zum Teil auf diese Näherung zurückzuführen ist. Aufgrund der Größenordnung der Abweichung wird auf weitere Untersuchungen dazu verzichtet.

Für die q-Werte, die sich auf die Kräfte F_{ymax} und F_{ymin} beziehen, werden folgende Ergebnisse ermittelt (Vertrauensbereich 95 %):

$$q_{Fymax} = 0,770 \pm 0,010 \qquad q_{Fymin} = 0,790 \pm 0,009$$

Die Mittelwerte für $q_{Fy\,max}$ und $q_{Fy\,min}$ liegen mit Werten von 0,770 bzw. 0,790 deutlich unterhalb des Erwartungswertes 1. Der Wert 1 leitet sich dabei aus der Annahme ab, dass bei einer Übereinstimmung von Dimensionierungsmodell und Experiment die ermittelten Kräfte (und Verschiebungen) – aus Messung und Berechnung – zu gleichen Ergebnissen führen. Anhand der vorliegenden Ergebnisse zeigt sich jedoch, dass die messtechnisch ermittelten Kräfte in den Extremstellen der KVK betragsmäßig etwa 21 % bis 23 % unter den berechneten Kräften liegen.

Anhand der Ergebnisse kann noch keine Aussage darüber getroffen werden, ob die beobachteten Abweichungen zwischen Dimensionierungsmodell und Experiment eine Ablehnung des Modells erforderlich machen. Dazu ist zunächst zu überprüfen, inwieweit die Abweichungen durch die noch nicht berücksichtigten Messunsicherheiten vom „Typ B" erklärt werden können. Die Untersuchung und Klärung dieser Frage wird im nachfolgenden Abschnitt behandelt.

5.5. Betrachtung der Messunsicherheiten

Messunsicherheiten werden durch zufällige oder systematische Abweichungen hervorgerufen. Systematische Abweichungen beeinflussen das Messergebnis bei jeder Messung in gleicher Weise und können daher nicht anhand wiederholter Messungen (bei gleichbleibenden Messbedingungen und bei Verwendung derselben Messmittel) erkannt werden. Zufällige Abweichungen hingegen beeinflussen das Messergebnis bei jeder Messung unterschiedlich stark.

Bei der Betrachtung der Messuntersicherheiten werden – in Anlehnung an den GUM – Unsicherheiten vom „Typ A" und vom „Typ B" betrachtet. Die Unterscheidung nach „Typ A" und „Typ B" ist nicht gleichzusetzen mit einer Unterscheidung nach zufälligen und systematischen Messabweichungen. Die Unsicherheiten vom „Typ A" wurden bereits in Abschnitt 5.4.4 ermittelt und werden durch die Standardunsicherheit des Mittelwertes σ_n angegeben. Die Unsicherheiten vom „Typ B" werden aus anderen Informationsquellen gewonnen, beispielsweise anhand von Kalibierscheinen, Herstellerangaben oder Erfahrungswerten. In Abbildung 5.7 sind die wichtigsten Einflussgrößen, die als Quelle von Messunsicherheiten gesehen werden, in einem Ursache-Wirkungs-Graphen dargestellt. Die Einflussgrößen sind dabei verschiedenen Kategorien zugeordnet, beispielsweise werden Einflüsse aus dem Kraft-Weg-Messsystem, aus der

Verstellvorrichtung sowie der Messumgebung erwartet. Außerdem ist davon auszugehen, dass auch die Prüfkörper zu Messunsicherheiten aufgrund von Fertigungstoleranzen beitragen.

Bei der Ermittlung der Messunsicherheiten werden nur diejenigen Einflussgrößen betrachtet, von denen zahlenmäßig die größten Unsicherheiten erwartet werden. Temperatureinflüsse beispielsweise führen zu Ausdehnungseffekten am Messsystem und den Prüfkörpern sowie zu Drifteffekten an der Sensorik des Messsystems, allerdings wird der Einfluss aufgrund der um Zehnerpotenzen geringeren Größenordnung im Vergleich zu anderen Einflussgrößen vernachlässigt. Der Einfluss des E-Moduls der Prüfkörper wird an dieser Stelle ebenfalls nicht noch einmal betrachtet. Dieser wurde bereits bei der Ermittlung der q-Werte in Abschnitt 5.4.2 berücksichtigt (bei der Generierung der Vergleichsdatenbasis wird der für die Prüfkörper ermittelte E-Modul verwendet).

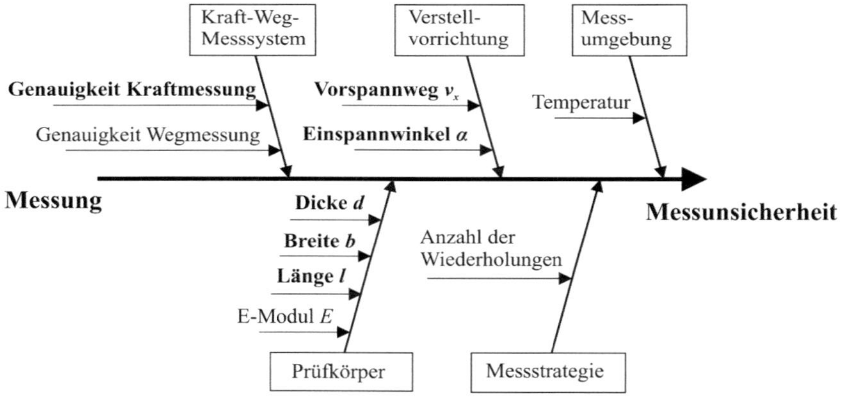

Abbildung 5.7: Einflussgrößen für resultierende Messunsicherheiten

Bei der Diskussion der Messunsicherheiten werden nachfolgend die in Abbildung 5.7 hervorgehobenen Einflussgrößen berücksichtigt. Die angenommenen Abweichungen vom Sollwert sind zahlenmäßig in Tabelle 5.1 aufgeführt und stützen sich auf vorliegende Datenblätter (Kraft-Weg-Messsystem), Herstellerangaben sowie Abschätzungen basierend auf Erfahrungswerten.

Die angenommene Abweichung für die Dicke d des Prüfkörpers orientiert sich an der vom Hersteller angegebenen Norm DIN59381 (EN10258). Für die Abweichungen der betrachteten Einflussgrößen in Tabelle 5.1 müssen im nächsten Schritt die daraus resultierenden Unsicherheiten für die q-Werte ermittelt werden. In den nachfolgenden Abschnitten werden dazu die Unsicherheiten einmal bei kombinierter Betrachtung und einmal bei separater Betrachtung der Einflussgrößen untersucht.

Tabelle 5.1: Abweichung der betrachteten Einflussgrößen vom Sollwert

Zuordnung	Einflussgröße	Angenommene Abweichung vom Sollwert
Messvorrichtung (Einstellgenauigkeit)	Einspannwinkel α	$s_\alpha = 0,1°$
	Vorspannweg v_x	$s_{vx} = 0,01$ mm
Geometrie des Prüfkörpers (Herstellgenauigkeit)	Dicke d	$s_d = 0,01$ mm
	Breite b	$s_b = 0,01$ mm
	Länge l	$s_l = 0,1$ mm
Kraft-Weg-Messsystem (Messgenauigkeit)	Genauigkeit der Kraftmessung	$DF_y / F_y = 0,25$ %
	Wiederholgenauigkeit der Wegmessung	$s_{uy} = 0,002$ mm

5.5.1. Unsicherheiten bei kombinierter Betrachtung der Einflussgrößen

Zur Ermittlung der resultierenden Unsicherheiten für die q-Werte wird die Methodik der Intervallarithmetik angewendet. Die prinzipielle Vorgehensweise besteht dabei darin, dass die minimale und maximale Unsicherheit anhand des Dimensionierungsmodelles aus Kapitel 4 abgeschätzt wird.

Mit den angenommenen Abweichungen der Einflussgrößen werden zunächst Intervalle für die Eingangsgrößen (Dimensionierungsmodell) gebildet. Als Resultat ergeben sich somit für die Stützstellenparameter $X = [u_{yA}, u_{yB}, u_{yD}, u_{yE}, F_{y\max}, F_{y\min}]$ ebenfalls Intervalle, die durch die untere Intervallgrenze X_{Min} und die obere Intervallgrenze X_{Max} beschrieben werden. Das Ergebnis für den Stützstellenparameter X, das bei Berechnung mit den Sollgrößen ermittelt wird, erhält die Bezeichnung X_{Soll} und befindet sich innerhalb der Intervallgrenzen. Bei der Ermittlung der q-Werte in Abschnitt 5.4 nach Gleichung (5.1) ist $X_{Berechnung}$ gleichbedeutend mit X_{Soll}.

Um nun die minimale und maximale Unsicherheit für die q-Werte zu bestimmen, wird $X_{Messung}$ in Gleichung (5.1) jeweils durch X_{Min} bzw. X_{Max} ersetzt. Damit können die minimalen und maximalen Werte q_X^{Min} bzw. q_X^{Max} anhand der resultierenden Gleichung (5.2) ermittelt werden. Mit Gleichung (5.3) können daraus die minimalen und maximalen Unsicherheiten s_{qX}^{Min} und s_{qX}^{Max} für die q-Werte berechnet werden. Es ist zu beachten, dass die Bezeichnungen minimale/maximale Unsicherheit als die untere/obere Grenze des Unsicherheitsbereiches verstanden werden sollen.

$$q_X^{Min} = \frac{X_{Min}}{X_{Soll}} \qquad \text{mit } X = \left[u_{yA}, u_{yB}, u_{yD}, u_{yE}, F_{y\max}, F_{y\min}\right]$$
$$q_X^{Max} = \frac{X_{Max}}{X_{Soll}} \qquad X_{Soll} \neq 0 \tag{5.2}$$

$$s_{qX}^{Min} = q_X^{Min} - 1$$
$$s_{qX}^{Max} = q_X^{Max} - 1 \tag{5.3}$$

Bei der kombinierten Betrachtung der Einflussgrößen werden q_X^{Min} und q_X^{Max} für alle kombinatorischen Möglichkeiten von unterer und oberer Intervallgrenze der Einflussgrößen ermittelt. Aus den Werten von q_X^{Min} und q_X^{Max} für alle untersuchten Setups im Experiment werden anschließend die Werte für s_{qX}^{Min} und s_{qX}^{Max} berechnet. Die Ermittlung der kombinierten Unsicherheiten erfolgt mit Hilfe von MATLAB® und führt zu den in Tabelle 5.2 dargestellten kombinierten Unsicherheiten für die q-Werte.

Tabelle 5.2: Unsicherheiten (Extremwerte und Mittelwerte) bei kombinierter Betrachtung der Einflussgrößen

	Extremwerte (einzelnes Setup)		Mittelwerte (n = 375)	
	s_{qX}^{Min}	s_{qX}^{Max}	$\overline{s_{qX}^{Min}}$	$\overline{s_{qX}^{Max}}$
$q_{Fy\max}$	-0,329	0,438	-0,221	0,267
$q_{Fy\min}$	-0,296	0,395	-0,214	0,259
q_{uyA}	-0,021	0,021	-0,007	0,007
q_{uyB}	-0,023	0,023	-0,009	0,009
q_{uyD}	-0,015	0,015	-0,006	0,006

Aus der Tabelle kann entnommen werden, dass die kombinierten Unsicherheiten für $q_{Fy\,max}$ und $q_{Fy\,min}$ – im Mittel mit Werten von -0,221 und +0,267 bzw. -0,214 und +0,259 – deutlich über den kombinierten Unsicherheiten für q_{uyA}, q_{uyB} oder q_{uyD} – im Mittel mit Werten von weniger als ±0,01 – liegen. q_{uyE} wird aufgrund von Gleichung (4.18) nicht separat betrachtet. Es können für q_{uyE} in guter Näherung die Unsicherheiten für q_{uyA} angenommen werden.

Damit zeigt sich, dass bei der „ungünstigsten" Verkettung der Abweichungen der Einflussgrößen, die mittleren Abweichungen von $F_{y\,min}$ und $F_{y\,max}$ aus dem Experiment (Abschnitt 5.4.4) erklärt werden können.

Für die Stützstellenparameter u_{yA}, u_{yB}, u_{yD}, und u_{yE} können die Unsicherheiten der Einflussgrößen nicht zur vollständigen Erklärung der Abweichungen aus dem Experiment verwendet werden. Allerdings ist zu berücksichtigen, dass die relativen Abweichungen ohnehin weniger als 5 % betragen und daher zu vernachlässigen sind.

Damit ist festzustellen, dass die Abweichungen zwischen Experiment und Dimensionierungsmodell anhand der ermittelten kombinierten Unsicherheiten erklärt werden können.

5.5.2. Unsicherheiten bei separater Betrachtung der Einflussgrößen

Im vorangegangenen Abschnitt wurde von der denkbar „ungünstigsten" Verkettung der Abweichungen der Einflussgrößen ausgegangen. Unter der Voraussetzung, dass die Einflussgrößen unabhängig voneinander sind, ist eine solch ungünstige Verkettung eher unwahrscheinlich. Daher werden nachfolgend die Unsicherheiten bei getrennter Betrachtung der Einflussgrößen untersucht. Die Vorgehensweise zur Ermittlung der Unsicherheiten ist identisch mit dem Vorgehen, das im vorangegangenen Abschnitt beschrieben wurde, jedoch wird die Methodik der Intervallarithmetik jeweils nur für eine Einflussgröße angewendet. Die Untersuchung beschränkt sich auf die Ermittlung der Unsicherheiten für $q_{Fy\,max}$ und $q_{Fy\,min}$, die Ergebnisse sind in Tabelle 5.3 aufgeführt.

Tabelle 5.3: Unsicherheiten (Mittelwerte, n = 375) bei separater Betrachtung der Einflussgrößen

Einflussgröße	$q_{Fy\,max}$		$q_{Fy\,min}$	
	$\overline{s}_{qX}^{Min}$	$\overline{s}_{qX}^{Max}$	$\overline{s}_{qX}^{Min}$	$\overline{s}_{qX}^{Max}$
Einspannwinkel α	-0,010	+0,012	-0,005	+0,007
Vorspannweg v_x	-0,007	+0,007	-0,005	+0,005
Dicke d	-0,199	+0,232	-0,199	+0,232
Breite b	-0,002	+0,002	-0,002	+0,002
Länge l	-0,008	+0,008	-0,007	+0,007

Aus Tabelle 5.3 geht hervor, dass die angenommenen Abweichungen für die Dicke d zu den betragsmäßig größten Unsicherheiten für $q_{Fy\,max}$ und $q_{Fy\,min}$ führen. Die resultierenden Unsicherheiten sind etwa 30-mal so groß wie die Unsicherheiten, die beispielsweise aus Abweichungen des Einspannwinkels α hervorgehen. Es lässt sich daraus schlussfolgern, dass die Messungen vergleichsweise unempfindlich gegenüber Sollwertabweichungen des Einspannwinkels, des Vorspannweges sowie der Breite und der Länge der Prüfkörper sind. Allerdings ist festzustellen, dass die Messergebnisse sehr empfindlich gegenüber den angenommenen Abweichungen der Dicke d sind. Die ermittelten Unsicherheiten können zur Erklärung der Abweichungen zwischen Berechnungsmodell und Experiment verwendet werden. Im nachfolgenden Abschnitt werden noch weitere Aspekte zu Messunsicherheiten betrachtet.

5.5.3. Weiterführende Diskussion

Die Betrachtung zu den Messunsicherheiten konzentrierte sich bislang maßgeblich auf Abweichungen der Einflussgrößen, die beispielsweise auf Fertigungstoleranzen der Prüfkörper oder auf erreichbare Einstellgenauigkeiten der Verstellvorrichtung zurückzuführen sind. Darüber hinaus ist aber davon auszugehen, dass noch weitere, bisher nicht betrachtete Einflussfaktoren existieren. Als Beispiel sind die Einspannstellen des Prüfkörpers zu nennen. Im Simulationsmodell, aus dessen Ergebnissen das Dimensionierungsmodell abgeleitet wurde, werden die Randbedingungen direkt an den Elementknoten am jeweiligen Ende des Aufhängungselementes definiert. Daher können die Einspannstellen des Aufhängungselementes im FEM-Modell als starr betrachtet werden. Im Unterschied dazu besitzen die Einspannstellen des Prüfkörpers im Experiment eine räumliche Ausdehnung. Damit ist gemeint, dass sich das Material des Aufhängungselementes über die zu untersuchende Länge l hinaus bis in die Einspannstellen hinein erstreckt. Bei Belastung des Aufhängungselementes werden auch innerhalb der Einspannstelle mechanische Spannungen auftreten. Die Einspannstellen im Experiment können somit nicht als starr angesehen werden, vielmehr werden die Einspannstellen zu einer Verringerung der Gesamtsteifigkeit des Systems führen. Der Einfluss der Einspannstellen ist zahlenmäßig nicht bekannt. Daher soll der mögliche Einfluss abgeschätzt werden, indem für die Länge l des Aufhängungselementes eine zusätzliche nachgiebig wirksame Länge $l*$ angenommen wird.

Für $l*$ werden in den nachfolgenden Ausführungen hypothetische Werte zwischen 0,5 mm und 3,0 mm betrachtet. Der Einfluss von $l*$ wird analog zu der Vorgehensweise in Abschnitt 5.5.2 untersucht, indem $l*$ als Sollwertabweichung s_l für die Länge l betrachtet wird. In Tabelle 5.4 sind die resultierenden Unsicherheiten für die q-Werte aufgeführt.

Tabelle 5.4: Resultierende Unsicherheiten der q-Werte in Abhängigkeit von $l*$ (Mittelwerte, n=375)

	$l* = +0{,}5\,\text{mm}$	$l* = +1{,}0\,\text{mm}$	$l* = +2{,}0\,\text{mm}$	$l* = +3{,}0\,\text{mm}$
$q_{Fy\,max}$	-0,039	-0,075	-0,143	-0,203
$q_{Fy\,min}$	-0,036	-0,070	-0,132	-0,189
q_{uyA}	+0,007	+0,014	+0,028	+0,042
q_{uyB}	+0,006	+0,013	+0,025	+0,038
q_{uyD}	+0,008	+0,015	+0,030	+0,045

Aus der Tabelle ist ersichtlich, dass $l*$ in erster Linie zu Unsicherheiten für $q_{Fy\,max}$ und $q_{Fy\,min}$ führt. Die unterschiedlichen Vorzeichen für die Unsicherheiten innerhalb der Tabelle lassen sich darauf zurückführen, dass $l*$ nur für „einseitige“ Abweichungen der Länge l betrachtet wird. Größere Längen l des Aufhängungselementes führen zu einer betragsmäßigen Verringerung der Kräfte F_y und zu einer betragsmäßigen Vergrößerung der Verschiebungen u_y in den charakteristischen Stützstellen der KVK.
Es zeigt sich, dass die resultierenden Unsicherheiten, die für $l* = +3{,}0\,\text{mm}$ berechnet werden, in den Größenordnungen der ermittelten Abweichungen zwischen Experiment

und Dimensionierungsmodell liegen. Somit muss die Schlussfolgerung gezogen werden, dass nicht allein nur die betrachteten Unsicherheiten in den Abschnitten 5.5.1 und 5.5.2 zur Erklärung der Abweichungen verwendet werden können, vielmehr muss zur Erklärung auch die angenommene elastische Wirkung der Einspannstellen berücksichtigt werden. Aus praktischer Sicht ist es wahrscheinlich, dass nicht eine einzelne Einflussgröße für die Abweichung zwischen Dimensionierungsmodell und Experiment verantwortlich ist, sondern dass eine Überlagerung der betrachteten Einflussfaktoren dazu führt.

5.6. Zusammenfassung des Kapitels

Im Kapitel 5 der vorliegenden Arbeit wurde die experimentelle Überprüfung der FEM-Ergebnisse aus Kapitel 4 vorgestellt. Es wurden verschiedene Aufhängungselemente untersucht, die quer und längs zur Walzrichtung aus dem Federstahlband entnommen wurden. Anhand der visuellen Beurteilung der Messergebnisse konnte zunächst eine qualitative Übereinstimmung für die Q-Prüfkörper bezüglich der charakteristischen Verlaufsmerkmale der KVK bestätigt werden. Für die L-Prüfkörper wurden auffällig viele Ausreißer erkannt. Die Ursache dafür wird in plastischen Verformungen der L-Prüfkörper gesehen. Für die weitere statistische Auswertung wurden daher allein die Ergebnisse der Q-Prüfkörper berücksichtigt. Anhand von Box-Plots wurden die Messergebnisse zunächst von statistischen Ausreißern befreit. Es zeigte sich, dass die anhand der Messungen ermittelten Verschiebungswerte u_y in den charakteristischen Stützstellen eine sehr gute Übereinstimmung mit den anhand des Dimensionierungsmodells ermittelten Werten aufweisen. Für die Kräfte F_y in den Extremstellen der KVK wurden deutlich größere Abweichungen beobachtet. Die Messungen führen hier zu betragsmäßig etwa 20 % geringeren Kräften.

Eine anschließende Betrachtung zu den Messunsicherheiten hat gezeigt, dass in erster Linie Fertigungstoleranzen hinsichtlich der Dicke d der Prüfkörper für die Abweichungen verantwortlich sein könnten. Des Weiteren wurde eine Abschätzung zu den nachgiebigen Einflüssen der Einspannstellen des Prüfkörpers vorgenommen. Als Resultat ist davon auszugehen, dass eine Kombination der genannten Einflussfaktoren zu den ermittelten Abweichungen führt. Anhand der experimentellen Untersuchungen konnte damit eine Validierung des Dimensionierungsmodells erfolgen.

6. Anwendung des Dimensionierungsmodells und praktische Untersuchungen

In den nachfolgenden Abschnitten sollen Anwendungsmöglichkeiten für das in Kapitel 4 erarbeitete Dimensionierungsmodell für vorgespannte nachgiebige Aufhängungselemente aufgezeigt werden. Darüber hinaus werden die praktischen Messungen an realen Ventilprototypen vorgestellt. Anhand der Beobachtungen während der Messungen zeigt sich, dass der Einfluss der Verkippung des Verschlusskörpers diskutiert werden muss. Zum Abschluss des Kapitels werden weiterführende Untersuchungen vorgestellt.

6.1. Anwendung des Dimensionierungsmodells

6.1.1. Dimensionierungsalgorithmus

In Abbildung 6.1 ist ein Dimensionierungsalgorithmus für ein nachgiebiges Aufhängungselement unter einem Einspannwinkel $\alpha = 0°$ dargestellt. Der Algorithmus soll die Anwendungsmöglichkeiten des Dimensionierungsmodells aus Kapitel 4 veranschaulichen. Darüber hinaus kann der Algorithmus auch als Vorlage für die Erstellung individueller Dimensionierungsalgorithmen genutzt werden.

Bei der Dimensionierung wird zunächst vorausgesetzt, dass F_{Ventil} (Schließkraft des Ventils) immer vorgegeben ist. Das Ventil soll hinsichtlich dieser Eingangsgröße dimensioniert werden. Somit ist auch F_{ymax} für das zu dimensionierende Aufhängungselement bekannt. Für ein Ventil mit drei Aufhängungselementen gilt $F_{y\,max} = 1/3 \cdot F_{Ventil}$.

Optional können auch der benötigte Ventilweg s und die Länge l des Aufhängungselementes vorgegeben werden. Somit sind die in Tabelle 6.1 aufgeführten Dimensionierungsfälle abgedeckt.

Tabelle 6.1: Wahrheitstabelle für die Vorgabeparameter im Dimensionierungsalgorithmus (1 … Wert ist vorgegeben, 0 … Wert ist nicht vorgegeben)

F_{ymax}	s	l
1	0	0
1	0	1
1	1	0
1	1	1

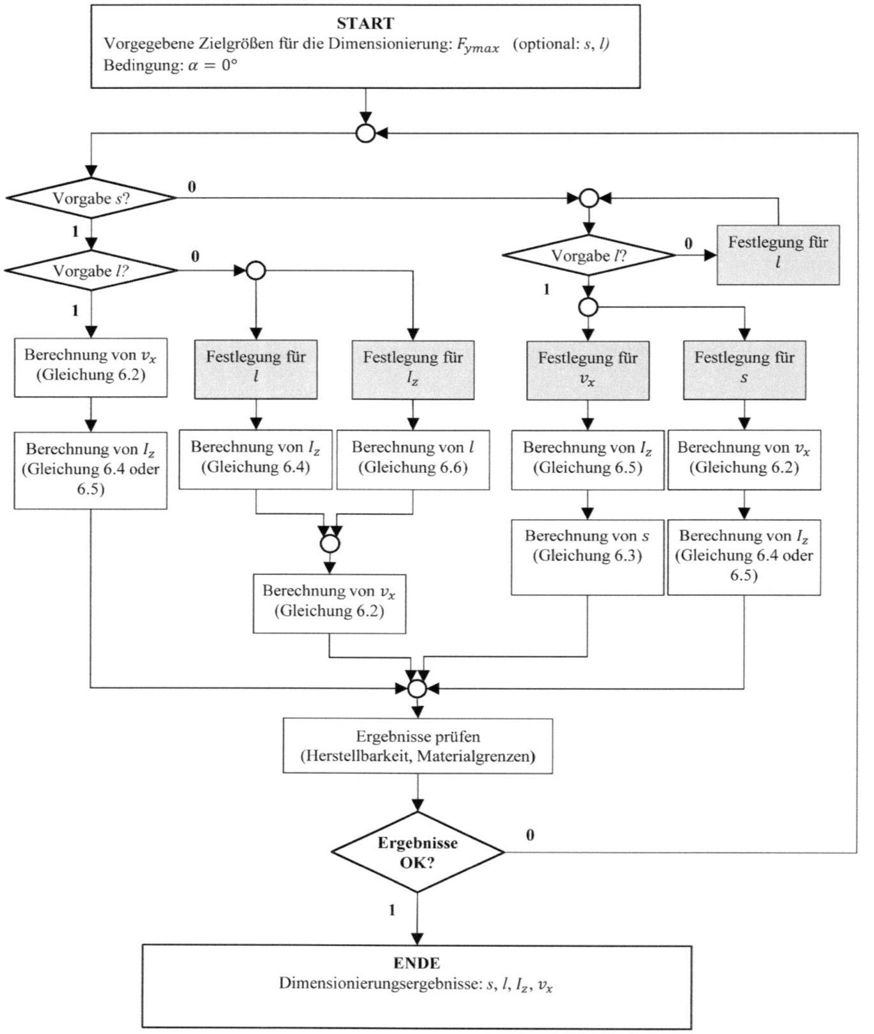

Abbildung 6.1: Dimensionierungsalgorithmus für Einspannwinkel $\alpha = 0$

Das Ziel bei der Dimensionierung besteht darin, die verbleibenden Geometrieparameter, wie z. B. den Vorspannweg v_x und die Querschnittsabmessungen (indirekt über I_z) für das Aufhängungselement, zu bestimmen. Im Algorithmus existieren mehrere Verzweigungspunkte, an denen abgefragt wird, ob Werte für s oder l vorgegeben sind. Die

Pfade mit der Kennzeichnung 1 gelten jeweils dann, wenn entsprechende Werte vorgegeben sind.

In den einzelnen Pfaden im Dimensionierungsalgorithmus sind die jeweiligen auszuführenden Berechnungsschritte vorgegeben. Es handelt sich dabei um eine empfohlene Vorgehensweise und keinesfalls um eine vorgeschriebene Abfolge. Nachdem die Dimensionierungsergebnisse vorliegen, wird empfohlen, diese zu überprüfen, beispielsweise hinsichtlich der Herstellbarkeit oder hinsichtlich der Einhaltung der Materialgrenzen (siehe Abschnitt 3.2.3). Bei Bedarf ist die Dimensionierung mit anderen Werten für die festzulegenden Größen zu wiederholen. Sollte keine Lösung ermittelt werden können, so ist es wahrscheinlich, dass die Kombination der vorgegebenen Zielgrößen praktisch nicht vereinbar ist.

Die im Dimensionierungsalgorithmus referenzierten Gleichungen sind nachfolgend aufgeführt. Gleichung (6.2) ergibt sich dabei durch Umstellen von Gleichung (4.5) und Ersetzen von $|u_{yA0}|$ durch den Ventilweg nach Gleichung (6.1). Durch Umstellen von Gleichung (6.2) kann für vorgegebene Vorspannwege und Längen der resultierende Ventilweg ermittelt werden.

$$s = |u_{yA0}| + u_{yE0} = 2 \cdot |u_{yA0}| \tag{6.1}$$

$$v_x = l \cdot \left(\frac{s}{2{,}12 \cdot l} \right)^{1/0{,}445} \tag{6.2}$$

$$s = 2{,}12 \cdot l \cdot \left(\frac{v_x}{l} \right)^{0{,}445} \tag{6.3}$$

Die Berechnungsgleichung für das Flächenträgheitsmoment I_z kann durch Umstellen von Gleichung (4.13) und unter Verwendung von Gleichung (6.1) wie folgt formuliert werden:

$$I_z = \frac{F_{y\,max\,0} \cdot l^3}{19{,}48 \cdot E \cdot s} \tag{6.4}$$

Alternativ lässt sich I_z bei bekanntem Vorspannweg v_x auch durch Umstellen von Gleichung (4.14) ermitteln.

$$I_z = \frac{F_{y\,max\,0} \cdot l^2}{41,29 \cdot E \cdot \left(v_x/l\right)^{0,445}} \tag{6.5}$$

Wenn I_z bekannt ist oder während der Dimensionierung festgelegt wird, kann die Länge l durch Umstellen von Gleichung (6.4) wie folgt berechnet werden:

$$l = \left(\frac{19,48 \cdot E \cdot I_z \cdot s}{F_{y\,max\,0}} \right)^{1/3} \tag{6.6}$$

Im nachfolgenden Abschnitt wird die Dimensionierung eines Sicherheitsventils anhand eines ausgewählten Beispiels demonstriert.

6.1.2. Dimensionierungsbeispiele

Beispiel 1:

Für ein Rohr mit einem Innendurchmesser von 50 mm soll ein Sicherheitsventil mit drei Aufhängungselementen dimensioniert werden. Die Schließkraft des Ventils soll $F_{Ventil} = 1\ \mathrm{N}$ betragen. Als Material für die Aufhängungselemente wird Federstahl (1.4310 HS) mit einem E-Modul von $190000\ \mathrm{N/mm^2}$ verwendet. Es ist weiterhin bekannt, dass die Länge der Aufhängungselemente aufgrund konstruktiver Vorgaben maximal $l = 16\ \mathrm{mm}$ betragen darf. Der benötigte Ventilweg ist mit $s = 7\ \mathrm{mm}$ vorgegeben.

Zur Lösung der Dimensionierungsaufgabe wird der im vorangegangenen Abschnitt vorgestellte Dimensionierungsalgorithmus angewendet. Es wird zunächst die Kraft $F_{y\,max}$ für ein einzelnes Aufhängungselement ermittelt. Diese entspricht 1/3 der geforderten Schließkraft des Ventils, somit gilt: $F_{y\,max} = 1/3 \cdot F_{Ventil} = 0,33\ \mathrm{N}$. Es wird festgelegt, dass der Einspannwinkel für die Aufhängungselemente $\alpha = 0°$ betragen soll. Die Dimensionierungsaufgabe wird aufgrund der Vorgaben für s und l anhand des linken Pfades ausgeführt. Mit Hilfe von Gleichung (6.2) wird der Vorspannweg v_x wie folgt berechnet:

$$v_x = 16\ \text{mm} \cdot \left(\frac{7\ \text{mm}}{2{,}12 \cdot 16\ \text{mm}} \right)^{1/0{,}445} = 0{,}46\ \text{mm} \qquad (6.7)$$

Laut Dimensionierungsalgorithmus wird anschließend I_z ermittelt. Dazu stehen zwei Berechnungsgleichungen zur Verfügung. Ausgehend vom dem Fall, dass für den Vorspannweg v_x der ermittelte Wert von 0,46 mm verwendet wird, erfolgt die Berechnung von I_z anhand von Gleichung (6.4). Es ergibt sich ein Wert von $I_z = 5{,}22 \cdot 10^{-5}\,\text{mm}^4$.

Alternativ soll an dieser Stelle der Fall betrachtet werden, dass aus Fertigungsgründen nur Vorspannwege auf Zehntelmillimeter genau realisiert werden können. Um den geforderten Ventilweg einzuhalten, muss v_x auf den Wert 0,50 mm aufgerundet werden. Zur Berechnung von I_z kommt nun Gleichung (6.5) zum Einsatz. Für I_z ergibt sich damit:

$$I_z = \frac{0{,}33\,\text{N} \cdot (16\,\text{mm})^2}{41{,}29 \cdot 190000\,\text{N/mm}^2 \cdot (0{,}5\ \text{mm}/16\ \text{mm})^{0{,}445}} = 5{,}03 \cdot 10^{-5}\,\text{mm}^4 \qquad (6.8)$$

Nach Gleichung (4.12) können für I_z theoretisch unendlich viele Wertepaare für b und d ermittelt werden, so dass (6.8) erfüllt ist. Nachfolgend sind in Tabelle 6.2 drei ausgewählte Kombinationen aufgeführt.

Tabelle 6.2: Beispielhafte Kombinationen für die Querschnittsabmessungen des Aufhängungselementes

	b in mm	d in mm
Kombination 1	1,75	0,070
Kombination 2	2,20	0,065
Kombination 3	2,80	0,060

Beispiel 2:

Für das in Beispiel 1 dimensionierte Aufhängungselement soll – unter Beibehaltung des Vorspannweges und der ermittelten Querschnittsabmessungen – eine Reduzierung der Ventilkraft um 20 % erreicht werden. Durch die Vorgabe der geometrischen Abmessungen für das Aufhängungselement verbleibt als letzte „Stellgröße" zur Beeinflussung der Kraft F_{ymax} der Einspannwinkel α. Aus Kapitel 4 ist bekannt, dass F_{ymax} mit Vergrößerung des

Einspannwinkels abnimmt. Aus Gleichung (4.19) folgt durch Einsetzen von Gleichung (4.15):

$$\left(\frac{\alpha}{120,4°\cdot\left(v_x/l\right)^{0,51}}\right)^{0,72}=0,2 \qquad (6.9)$$

Anhand von Gleichung (6.9) leitet sich ab, dass die gewünschte Reduzierung der Ventilkraft durch eine Vergrößerung des Einspannwinkels auf einen Wert von $\alpha = 2,2°$ realisiert werden kann. Nach Gleichung (4.16) und Gleichung (4.18) verringert sich aufgrund des Einspannwinkels der erreichbare Ventilweg um 0,1 mm auf einen Wert von $s = 6,9$ mm.

An dieser Stelle soll darauf hingewiesen werden, dass die vorangegangenen Beispiele nur einen kleinen Ausschnitt der zur Verfügung stehenden Möglichkeiten aufzeigen. Denkbar ist außerdem auch der Einsatz anderer Materialien mit geringerem oder größerem E-Modul.

6.2. Praktische Messungen an neuartigen Sicherheitsventilen

6.2.1. Ventilprototypen

Für das in Abschnitt 2.1 beschriebene Sicherheitsventil für Gasrohrleitungen wurden praktische Messungen am DBI (Gastechnologisches Institut gGmbH Freiberg) durchgeführt. Das Ziel der Messungen bestand darin, das Schaltverhalten des Ventils unter möglichst realitätsnahen Einsatzbedingungen zu untersuchen.

Im Zuge der Messungen wurden zwei Prototypen für das Sicherheitsventil entwickelt. Der Prototyp V1.0 ist in Abbildung 6.2 dargestellt. Die Konstruktion besteht aus einem zweiteiligen verschraubten Ventilgehäuse. Die nachgiebigen Aufhängungselemente werden zwischen den beiden Gehäuseteilen fest eingespannt. Der Vorspannweg für die Aufhängungselemente ist nicht einstellbar, dieser resultiert indirekt aus der Länge der verwendeten Aufhängungselemente. Der Ventilsitz ist zudem austauschbar und über ein Gewinde in axialer Richtung verstellbar. Dadurch können unterschiedliche Verschlusskörpergeometrien und Aufhängungselemente untersucht werden. In Abbildung

6.3 ist der Prototyp V1.0 mit einer kreisförmigen geschlitzten Geometrie für den Verschlusskörper dargestellt. Die Schlitze sind vorgesehen, um Kollisionen zwischen den Aufhängungselementen und dem Verschlusskörper beim Umschalten des Ventils zu verhindern. Ein weiterer Unterschied zwischen beiden Varianten besteht darin, dass der geschlitzte Verschlusskörper einen größeren Strömungsquerschnitt im Ventilsitz zulässt und gleichzeitig vergleichsweise lange Aufhängungselemente verwendet werden können. Damit ist es möglich auch geringe Schließkräfte und große Ventilwege einzustellen.

Abbildung 6.2: Prototyp V1.0

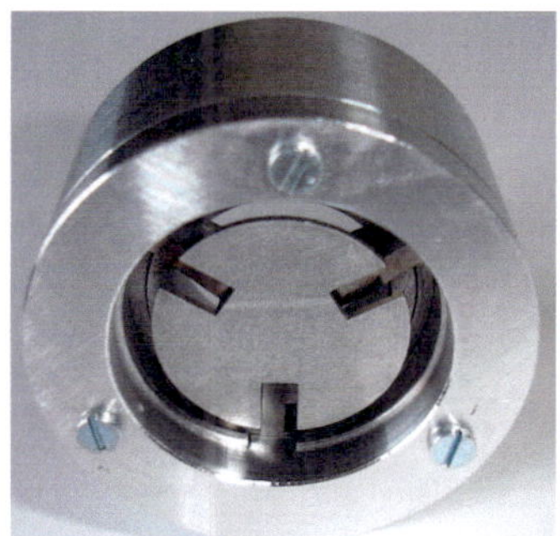

Abbildung 6.3: Prototyp V1.0 (Verschlusskörper geschlitzt)

Eine Weiterentwicklung des Ventils (Prototyp V2.0) ist in Abbildung 6.4 dargestellt. Durch die Umgestaltung des Verschlusskörpers ist es möglich, große Strömungsquerschnitte auch ohne Verwendung eines geschlitzten Verschlusskörpers zu realisieren. Darüber hinaus ist der Vorspannweg für die Aufhängungselemente stufenlos einstellbar, indem der gesamte innere Teil des Ventils über ein eingearbeitetes Gewinde in das äußere Ventilgehäuse eingeschraubt werden kann. Die Einspannstellen für die Aufhängungselemente sind radial beweglich. Durch die konische Innenkontur des Ventilgehäuses werden die Einspannstellen – beim Einschrauben ins Ventilgehäuse – radial verschoben. Das Prinzip ist mit der Funktionsweise eines Bohrfutters (Bohrmaschine) vergleichbar. Im Gegensatz zum Prototyp V1.0 verfügt die Version V2.0 über einen Anströmkegel, der die strömungsdynamischen Ventileigenschaften verbessern soll. Das Strömungsverhalten des Ventils wird an dieser Stelle nicht betrachtet, sollte jedoch in weiterführenden Arbeiten untersucht werden. In Abbildung 6.5 ist der Prototyp V2.0 in einer CAD-Schnittansicht dargestellt.

Abbildung 6.4: Prototyp V2.0

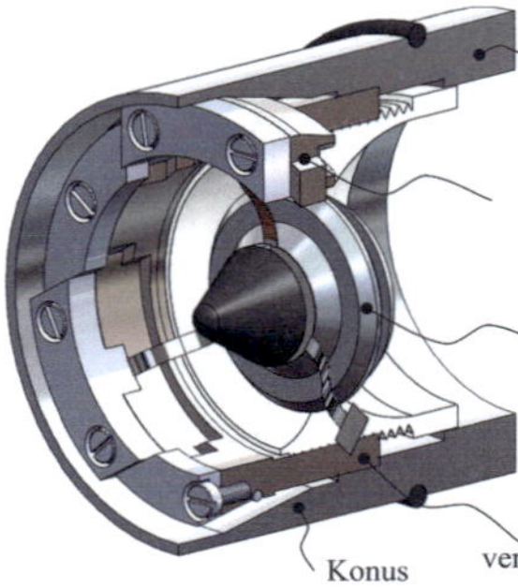

Abbildung 6.5: Schnittansicht im CAD

6.2.2. Versuchsanlage

In Abbildung 6.6 ist eine Versuchsanlage zur Messung und Zertifizierung von Gassicherheitsventilen dargestellt. Die Versuchsanlage befindet sich am DBI und ermöglicht Untersuchungen an Gassicherheitsventilen gemäß der vom DVGW (Deutsche Vereinigung des Gas- und Wasserfaches) vorgegebenen Technischen Regel VP501-1 [DVGW 2007]. An der Versuchsanlage wurden zahlreiche praktische Messungen mit den in Abschnitt 6.2.1 dargestellten Ventilprototypen durchgeführt.

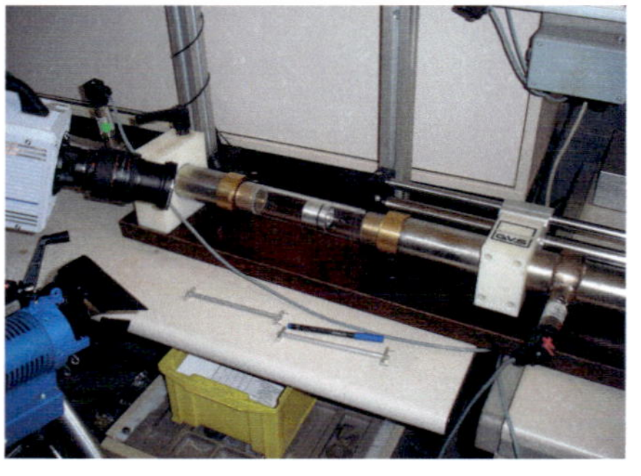

Abbildung 6.6: Versuchsanlage des DBI (Gastechnologisches Institut Freiberg)
Links: Videoaufzeichnung mittels Hochgeschwindigkeitskamera; Rechts: Blick auf den Ventilprototyp V2.0

Die prinzipielle Vorgehensweise bei der Untersuchung des Gassicherheitsventils besteht darin, dass für den aus der Prüfgrundlage vorgegebenen Betriebsdruck für das Ventil (25 mbar) ein Nenndurchfluss $\dot{V}_N$ eingestellt wird. Dazu wird ein Gasverbraucher an der

Anlage simuliert. Nach der Einstellung des Nenndurchflusses wird eine Leckage simuliert, indem der Durchfluss am Gasverbraucher zunehmend erhöht wird. Es wird der Durchfluss V_S ermittelt, bei dem es zum Auslösen des Gassicherheitsventils kommt. Aus dem Quotienten von V_S und V_N wird der Schließfaktor f_S ermittelt. Dieser darf, entsprechend des technischen Regelwerks, einen Wert von 1,3 bis 1,8 nicht überschreiten.
Bei den durchgeführten Messungen wurden die zu untersuchenden Ventilprototypen in einem transparenten Acrylrohr verbaut, um das Schließverhalten des Ventils per Videoaufzeichnung mittels Hochgeschwindigkeitskamera beobachten zu können. Ausgewählte Ergebnisse sind in Abschnitt 6.2.3 dargestellt. Für weiterführende Untersuchungen wurde nach dem Vorbild der Versuchsanlage des DBI eine vergleichbare Versuchsanlage am Fachgebiet Nachgiebige Systeme (TU Ilmenau) errichtet. An der neuen Versuchsanlage werden – durch den Einsatz aufwändiger Sensorik (Druck, Durchfluss) und elektronisch einstellbarer Ventile – halbautomatische Messungen ermöglicht. Die Anlage ist in Abbildung 6.7 dargestellt.

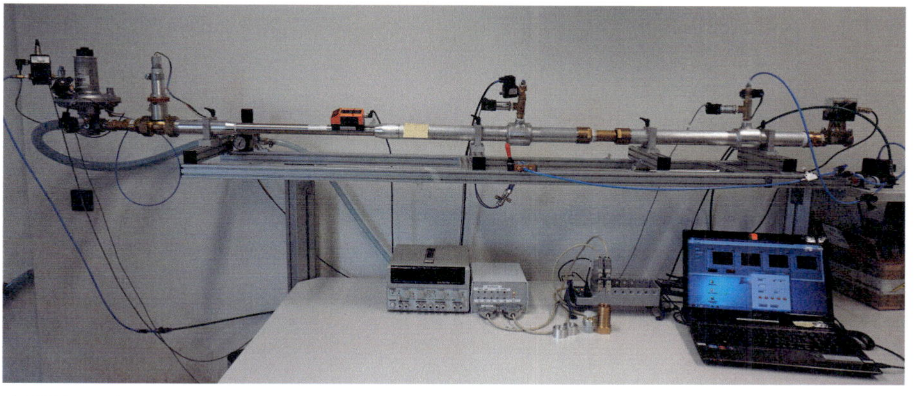

Abbildung 6.7: Versuchsanlage am Fachgebiet Nachgiebige Systeme (TU Ilmenau)

6.2.3. Ergebnisse

An der Versuchsanlage wurden für Aufhängungselemente verschiedenster geometrischer Abmessungen Untersuchungen durchgeführt. Nachfolgend sind für ausgewählte Aufhängungselemente die Ergebnisse sowie die geometrischen Abmessungen dargestellt. Es zeigt sich, dass beispielsweise für den Prüfkörper V28.1, in Abbildung 6.8 und Abbildung 6.9, die geforderten Werte für den Schließfaktor f_S erreicht werden können. Die ermittelten Werte liegen bei $f_S = 1,38$ und $f_S = 1,65$. Beide Messungen unterscheiden sich durch den eingestellten Wert des Vorspannweges. Der Vorspannweg ist proportional zu den in den Abbildungen dargestellten Winkeln, die sich durch das Einschrauben des inneren Ventilteils ins Ventilgehäuse ergeben. In den Abbildungen ist die Richtung der Erdbeschleunigung durch einen mit *g* gekennzeichneten Pfeil angegeben. Die Messungen wurden für die horizontale Einbaulage des Ventils durchgeführt.

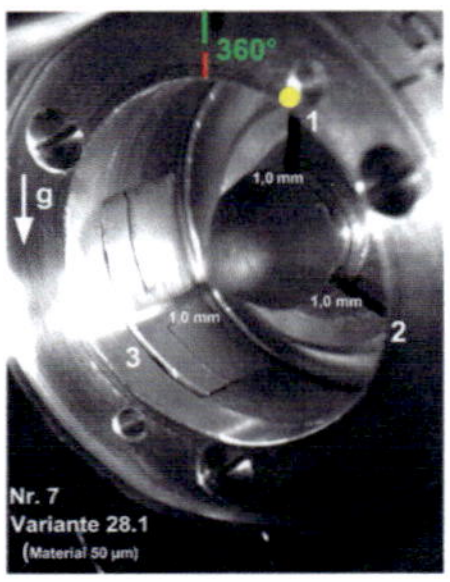

V_N / m³/h	6,5
V_S / m³/h	9,0
f_S	1,38

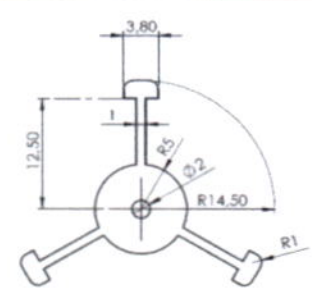

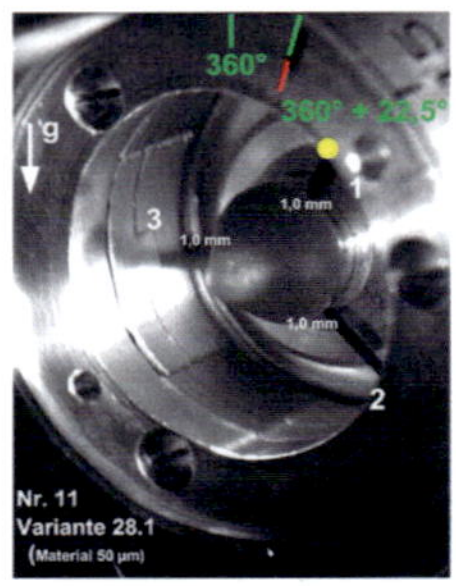

V_N / m³/h	7,1
V_S / m³/h	11,7
f_S	1,65

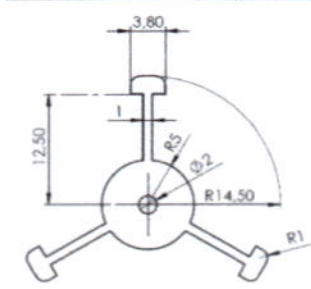

Abbildung 6.8: Prüfkörper V28.1, Messung-Nr. 7 **Abbildung 6.9:** Prüfkörper V28.1, Messung-Nr. 11

Für den in Abbildung 6.10 dargestellten Prüfkörper ergeben sich mit $f_S = 2,43$ zu große Werte für den Schließfaktor. Der verwendete Prüfkörper V22.1 verfügt über Aufhängungselemente, die 50 % breiter sind als die Aufhängungselemente des Prüfkörpers V28.1 in Abbildung 6.8 und Abbildung 6.9.

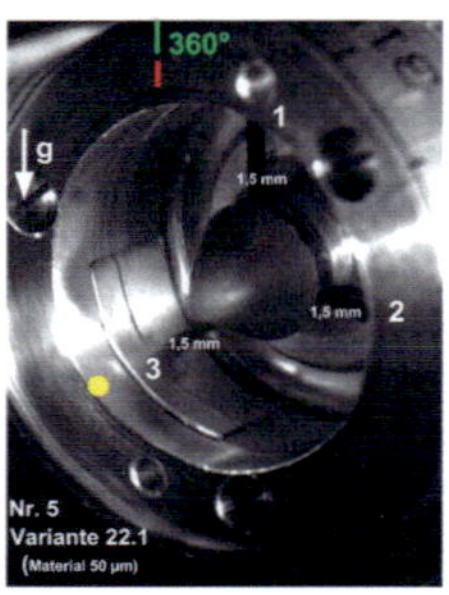

V_N / m³/h	7,8
V_S / m³/h	19,0
f_S	2,43

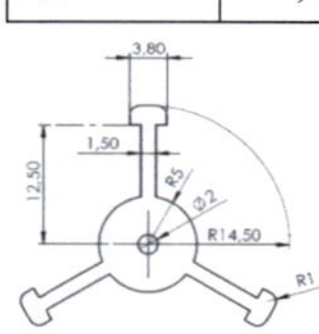

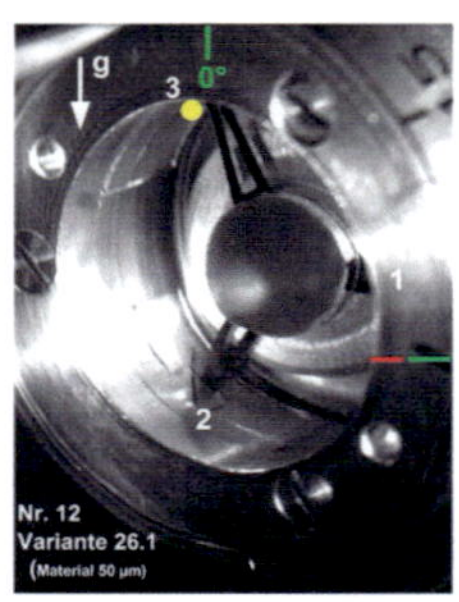

V_N / m³/h	7,8
V_S / m³/h	12,5
f_S	1,6

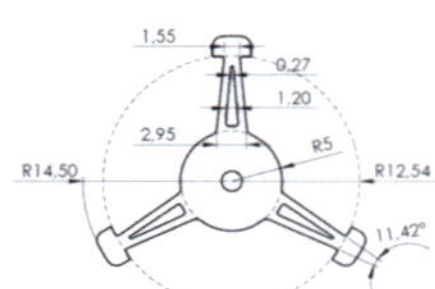

Abbildung 6.10: Prüfkörper V22.1, Messung-Nr. 5 **Abbildung 6.11:** Prüfkörper V26.1, Messung-Nr. 12

Anhand der praktischen Messungen zeigt sich, dass zur Realisierung des geforderten Schließfaktors generell filigrane Aufhängungselemente benötigt werden. Daraus ergeben sich jedoch neue technische Probleme, beispielsweise wird für sehr schlanke und dünne Aufhängungselemente ein tendenziell zunehmendes Taumeln bzw. Flattern des

Verschlusskörpers beobachtet. Solche Schwingungen sind unbedingt zu vermeiden, da diese einerseits zu einer ungewollten zyklischen Materialbeanspruchung führen und somit die Dauerfestigkeit reduzieren, andererseits ist davon auszugehen, dass Schwingungen im Resonanzbereich zu einem ungewollten Verschließen des Ventils führen können, auch wenn der Durchfluss noch nicht im kritischen Bereich liegt. Die Ursache für das Taumeln wird darin gesehen, dass – bedingt durch den außerhalb der Aufhängungsebene liegenden Schwerpunkt des Verschlusskörpers und infolge der Durchströmung des Ventils – ein Moment auf die elastische Aufhängung erzeugt wird. Je filigraner die Aufhängungselemente ausgeführt sind, umso geringer ist die Gesamtsteifigkeit der nachgiebigen Aufhängung. Mit dem Ziel das Taumeln des Verschlusskörpers zu reduzieren, wurden weitere Varianten (Abbildung 6.11) für die nachgiebige Aufhängung untersucht. Die untersuchten Aufhängungselemente besitzen dabei beispielsweise eine dreiecksförmige Gestalt. Es zeigt sich, dass sich mit den untersuchten Prüfkörpern Schließfaktoren im geforderten Wertebereich realisieren lassen. Es konnte zum Teil eine verminderte Schwingungsneigung beobachtet werden.

Anhand der Videoaufnahmen (Hochgeschwindigkeitskamera), die parallel zu den durchgeführten Messungen aufgezeichnet wurden, konnte eine weitere wichtige Beobachtung gemacht werden. Für praktisch alle untersuchten Varianten der Aufhängungselemente wurde festgestellt, dass der Verschlusskörper während des Schließvorganges nicht parallel zur Ventilquerschnittsebene bleibt, sondern dass eine Verkippung des Verschlusskörpers auftritt. In Abbildung 6.12 ist zur Veranschaulichung der zeitliche Verlauf des Schließvorganges in Zeitschritten von 3,3 Millisekunden dargestellt. Es wurde aus Darstellungsgründen bewusst ein Beispiel ausgewählt, beim dem ein besonders stark ausgeprägtes Verkippen beobachtet werden konnte. Für die Zeitpunkte $t = 15{,}5\,\text{ms}$ und $t = 18{,}8\,\text{ms}$ ist der verkippte Verschlusskörper deutlich zu erkennen. Es wurde zudem beobachtet, dass das Verkippen stets gerichtet über ein Aufhängungselement erfolgt (in der Abbildung mit Pfeilen gekennzeichnet).

Aufgrund der Verkippung des Verschlusskörpers stellt sich eine veränderte KVK für die nachgiebige Aufhängung ein. Im nachfolgenden Abschnitt wird der Einfluss der Verkippung und dessen praktische Bedeutung näher betrachtet.

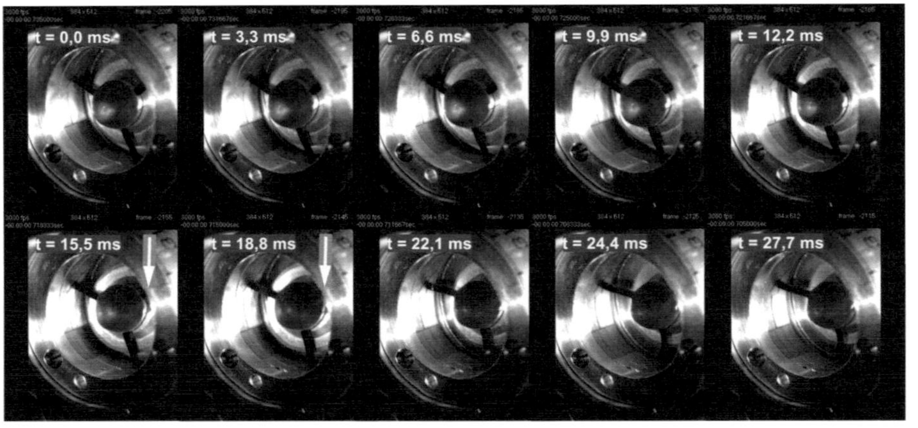

Abbildung 6.12: Zeitlicher Verlauf des Schließvorganges mit Verkippen des Verschlusskörpers (Zeitschritt: 3,3 Millisekunden)

6.3. Diskussion der Verkippung

Im vorangegangenen Abschnitt wurde die Verkippung des Verschlusskörpers anhand von Beobachtungen aus den praktischen Versuchen beschrieben. In der Praxis ist davon auszugehen, dass sich das Verkippen – ohne weitere Maßnahmen – nicht vermeiden lässt, da auch geometrisch gleichartige Aufhängungselemente immer gewissen Fertigungstoleranzen unterliegen. Bei der Herstellung der nachgiebigen Aufhängung in einem Stück ergeben sich – aufgrund der unterschiedlichen Orientierung der Aufhängungselemente zur Walzrichtung des Rohmaterials – unterschiedliche mechanische Eigenschaften. Nachfolgend soll geklärt werden, welchen Einfluss die Verkippung des Verschlusskörpers auf die Ventilkennlinie besitzt.

6.3.1. Einfluss der Verkippung

Ausgehend von der Feststellung, dass der Verschlusskörper gerichtet über ein Aufhängungselement verkippt, kommt es an dem beteiligten Aufhängungselement ebenfalls zu einer Verkippung. Die Verkippung tritt dabei nicht an der Einspannstelle des Aufhängungselementes auf, sondern an der Verbindungsstelle zum Verschlusskörper. In Abbildung 6.13 (links) ist das Verkippen des Verschlusskörpers schematisch dargestellt.

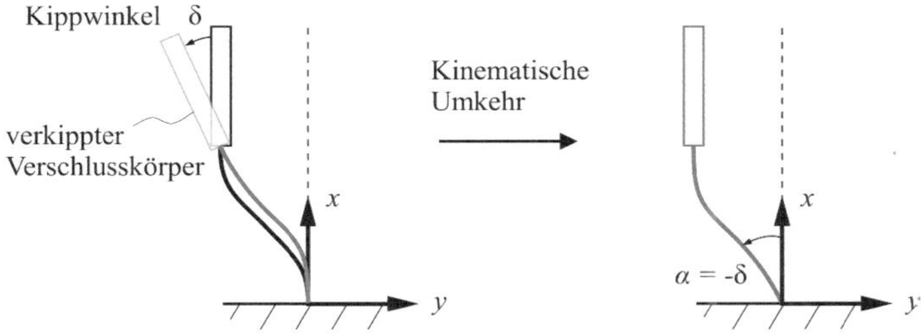

Abbildung 6.13: Verkippung des Verschlusskörpers (schematische Darstellung)

Der Winkel, um den der Verschlusskörper verkippt, wird nachfolgend als Kippwinkel δ bezeichnet. Nach dem Prinzip der kinematischen Umkehr kann die Verkippung des Aufhängungselementes so behandelt werden, als würde das Aufhängungselement bei nicht verkippten Verschlusskörper unter einem Einspannwinkel von $\alpha = -\delta$ betrachtet werden (Abbildung 6.13, rechts). Demnach kann der Einfluss der Verkippung für das betrachtete Aufhängungselement entsprechend den Berechnungsgleichungen aus Abschnitt 4.3 beschrieben werden. Von praktischer Relevanz ist vor allem der Einfluss der Verkippung auf die Kraft $F_{y\,max}$. Nach Gleichung (4.26) sinkt die Kraft $F_{y\,max}$ für negative Einspannwinkel nichtlinear ab. Die Abhängigkeit ist in Diagramm 6.1 für diskrete Vorspannungen zwischen $\nu = 0{,}01$ und $\nu = 0{,}10$ dargestellt.

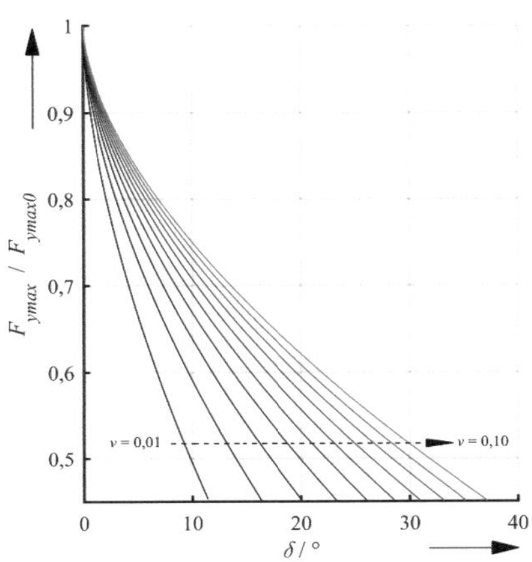

Diagramm 6.1: Abhängigkeit von $F_{y\,max} / F_{y\,max\,0}$ vom Kippwinkel δ

Es zeigt sich anhand des Diagrammes, dass $F_{y\,max}$ bereits für Kippwinkel von $\delta = 10°$ auf ein Kraftniveau zwischen 50 % und 75 % bezogen auf $F_{y\,max\,0}$ abfällt. Dabei wirken sich gleiche Kippwinkel δ bei kleinen Vorspannungen stärker auf F_{ymax} aus als bei größeren Vorspannungen. Anhand der Beobachtungen aus den praktischen Messungen geht hervor, dass das Verkippen des Verschlusskörpers mit zunehmender Vorspannung ausgeprägter zum Vorschein tritt und somit der Wert des resultierenden Kippwinkels δ mit größeren Vorspannungen zunimmt. Es ist daher die Annahme zulässig, dass die relative Abnahme der Kraft F_{ymax} infolge der Verkippung weitgehend unabhängig von der Vorspannung ist. In der vorliegenden Betrachtung wird angenommen, dass das Verkippen des Verschlusskörpers zu einer Reduzierung der Kraft F_{ymax} auf ein Niveau von 50 % der Kraft F_{ymax0} – für das betrachtete Aufhängungselement – führt.

Für die beiden anderen Aufhängungselemente führt das Verkippen des Verschlusskörpers dazu, dass die Aufhängungselemente eine Verkippung und gleichzeitig eine überlagerte Verdrehung (Torsion) erfahren. Aufgrund der rotationssymmetrischen Anordnung der Aufhängungselemente am Verschlusskörper (der Winkel zwischen benachbarten Aufhängungselementen beträgt 120°) wird die Verkippung deutlich geringer ausfallen als bei dem zuvor betrachteten Aufhängungselement. Anhand von FEM-Simulationen wurde der Einfluss der kombinierten Verkippung und Verdrehung für ein Aufhängungselement untersucht. Es zeigt sich, dass die Verdrehung des Aufhängungselementes tendenziell zu einer höheren Steifigkeit des Aufhängungselementes führt. Im Gegensatz dazu bewirkt die Verkippung, dass die Kraft F_{ymax} abnimmt. Bei der kombinierten Betrachtung zeigt sich, dass sich die Einflüsse aus der Verkippung und aus der Verdrehung beider Aufhängungselemente gegenseitig weitgehend kompensieren. Für die weitere Betrachtung wird daher näherungsweise angenommen, dass die Verkippung des Verschlusskörpers nur für das bereits betrachtete erste Aufhängungselement zu berücksichtigen ist.

Bei der Entwicklung des Modells für die nachgiebige Aufhängung des Verschlusskörpers in Abschnitt 3.1 wurde zunächst davon ausgegangen, dass alle drei Aufhängungselemente die gleiche KVK aufweisen. Die Gesamtkennlinie für die nachgiebige Aufhängung des Sicherheitsventils ergibt sich demnach durch die Addition der Kennlinien der einzelnen Aufhängungselemente. Die Schließkraft des Ventils beträgt damit $F_{Ventil} = n \cdot F_{ymax}$. Aus der Anzahl der Aufhängungselemente ergibt sich für n ein Wert von 3. Unter Berücksichtigung der Verkippung, entsprechend der vorangegangenen Diskussion, ergibt sich für n ein reduzierter Wert von 2,5.

Exemplarischer Vergleich mit den Messungen an der Versuchsanlage:

Zur Überprüfung der gewonnenen Erkenntnisse wird das Dimensionierungsmodell unter Berücksichtigung der Verkippung exemplarisch mit der Messung an der Versuchsanlage verglichen. Für die Aufhängungselemente in Abbildung 6.8 betragen die Abmessungen $l = 7{,}5\,\text{mm}$, $b = 1{,}0\,\text{mm}$ und $d = 0{,}050\,\text{mm}$. Der Vorspannweg beträgt $v_x = 0{,}2\,\text{mm}$. Unter Anwendung von Gleichung (4.14) wird für die Kraft $F_{y\,max}$ eines einzelnen Aufhängungselementes ein Wert von 0,29 N ermittelt. Für die resultierende Schließkraft des Ventils ergibt sich damit ein theoretischer Wert von $F_{Ventil} = 2{,}5 \cdot F_{y\,max} = 0{,}73\text{ N}$. Ausgehend von einem im Versuch gemessenen Betriebsdruck von 24,3 mbar beim Schließen des Ventils und einem Durchmesser des Verschlusskörpers von 19 mm berechnet sich die am Verschlusskörper wirkende Kraft über die Beziehung $F_{Ventil} = p \cdot A$. Damit ergibt sich ein Wert von $F_{Ventil} = 0{,}71\text{ N}$. Es zeigt sich damit, dass die vorgenommene „Korrektur“ des Faktors n zu einer akzeptablen Überstimmung zwischen Dimensionierungsmodell und realem Ventilverhalten führt.

6.3.2. Maßnahmen zur Reduzierung der Verkippung

Das Verkippen des Verschlusskörpers kann in der Ventiltechnik zu technischen Schwierigkeiten führen. Beispielsweise kann es Probleme bei der Dichtigkeit des Ventils geben, wenn der verkippte Verschlusskörper im Ventilsitz verkantet. Es besteht daher der Wunsch, das Verkippen zu reduzieren oder generell zu vermeiden. Nachfolgend werden einige ausgewählte Maßnahmen zur Reduzierung bzw. zur Vermeidung der Verkippung vorgeschlagen. Es sind prinzipiell verschiedene konstruktive Maßnahmen denkbar. Zur Vermeidung des Verkippens ist es erforderlich, das Kippmoment zu kompensieren. Die Kompensation kann beispielsweise durch eine Linearführung des Verschlusskörpers realisiert werden.

Eine vorteilhafte Ausführungsform ist dazu in Abbildung 6.14 aufgezeigt. Der Verschlusskörper des Ventils ist dabei als eine im Ventilgehäuse verschiebbare Hülse ausgeführt. Um ein Verschließen des Ventilsitzes zu gewährleisten, ist an der dem Ventilsitz zugewandten Stirnseite der Hülse ein Verschlusselement angebracht. Zwischen der Hülse und dem Ventilkörper besteht nur ein sehr kleiner Bewegungsspalt, so dass praktisch kein Verkippen der Hülse auftritt. Die nachgiebigen Aufhängungselemente sind an der äußeren Mantelfläche der Hülse angebracht.

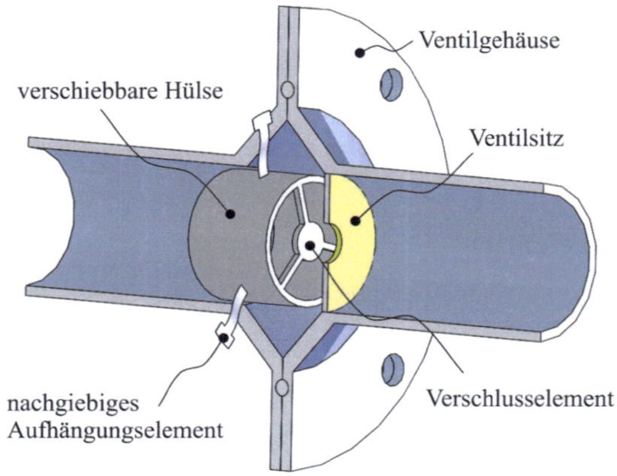

Abbildung 6.14: Vorschlag für eine Linearführung des Verschlusskörpers (Schnittansicht)

Die wesentlichen Vorteile der aufgezeigten Lösung bestehen darin, dass die Abmessungen der Aufhängungselemente nicht mehr durch die Nennweite des Ventils beschränkt sind. Es ist zudem denkbar, eine variable Einstellbarkeit der Vorspannung oder des Einspannwinkels für die Aufhängungselemente zu realisieren. Bei entsprechender Ausführung der Hülse kann das Ventil so gestaltet werden, dass die Aufhängungselemente in jeder Ventilstellung durch die Hülse verdeckt sind und somit vor Beschädigungen oder Einflüssen des Strömungsmediums geschützt sind.

Eine andere Möglichkeit zur Kompensation des Kippmomentes besteht darin, eine weitere nachgiebige Aufhängung in einer parallelen Aufhängungsebene vorzusehen. Die beiden Aufhängungsebenen müssen dabei einen ausreichend großen Abstand zueinander aufweisen. Idealerweise befindet sich der Verschlusskörper zwischen den beiden Aufhängungen. In Abbildung 6.15 ist eine mögliche Ausführungsform schematisch dargestellt. Der Vorteil der Lösung besteht darin, dass auf eine klassische Linearführung mit reibungsbehafteten Gelenkpartnern verzichtet werden kann. Nachteilig wirkt sich jedoch aus, dass aufgrund der zusätzlichen Aufhängungselemente die Querschnitts-abmessungen der Aufhängungselemente zur Realisierung kleiner Ventilkräfte weiter verringert werden müssen.

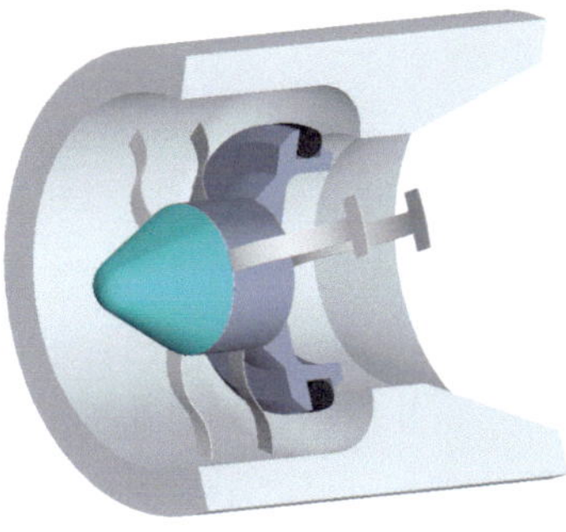

Abbildung 6.15: Nachgiebige Aufhängung mit zwei Aufhängungsebenen

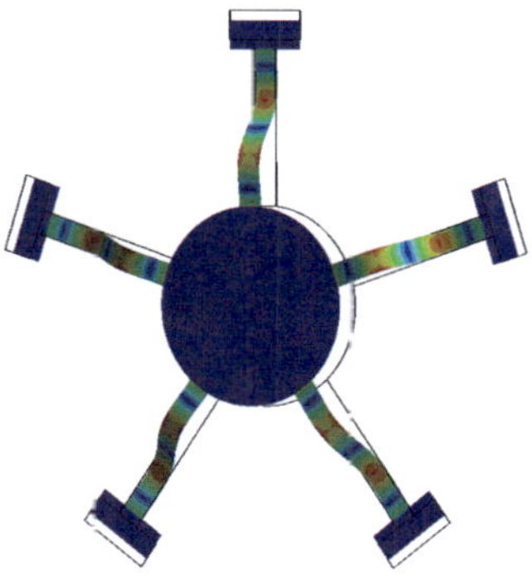

Abbildung 6.16: Nachgiebige Aufhängung mit zusätzlichen Aufhängungselementen

In Abbildung 6.16 ist eine dritte Ausführungsform zur Reduzierung des Verkippens aufgeführt. Dabei ist vorgesehen, die Anzahl der Aufhängungselemente zu erhöhen. Im Gegensatz zu der zuvor vorgeschlagenen Lösung befinden sich die Aufhängungselemente jedoch in derselben Aufhängungsebene. Anhand von FEM-Simulationen hat sich gezeigt, dass durch die zusätzlichen Aufhängungselemente der resultierende Kippwinkel reduziert wird.

Neben den vorgeschlagenen konstruktiven Maßnahmen ist auch der Einsatz spezieller Federstahlbänder zu prüfen. Der Werkstoff 1.4031 Mo ist beispielsweise ein gehärteter Spezialstahl mit einem Chrom-Anteil von 13 % und einem Molybdän-Anteil von 1 %. Im Gegensatz zu anderen Stählen verfügt dieser Werkstoff über einen walzrichtungs-unabhängigen E-Modul. Somit ist die Orientierung der Aufhängungselemente zur Walzrichtung unerheblich. Für die Aufhängungselemente ergeben sich damit nahezu identische mechanische Eigenschaften.

6.4. Weiterführende Untersuchungen und Anwendungsfelder

Der Einsatz von nachgiebigen Aufhängungselementen in Ventilanwendungen ist nicht auf den Bereich der Sicherheitsventile beschränkt. Auch in der Automobiltechnik, Vakuumtechnik oder Industrietechnik ergeben sich durch den Einsatz nachgiebiger Elemente Vorteile gegenüber klassischen Ventillösungen. Es sei an dieser Stelle noch einmal auf das breite Anwendungsspektrum verwiesen, das bereits in Kapitel 2 aufgezeigt wurde.

Basierend auf den im Rahmen der vorliegenden Arbeit gewonnenen Erkenntnissen wurden weiterführende Untersuchungen an nachgiebigen Elementen durchgeführt und neue Anwendungen vorgeschlagen. In der Offenlegungsschrift DE102010027456A1 [Risto et al. 2010] – der Autor der vorliegenden Arbeit ist Miterfinder – werden beispielsweise unterschiedliche Bauformen für ein Magnetimpulsventil beschrieben, bei dem ohne zusätzliche Energiezufuhr die beiden Schaltzustände „Offen" und „Geschlossen" gehalten werden können (Abbildung 6.17). In der abgebildeten Bauform besteht der Verschlusskörper (6) teilweise oder ganz aus einem permanentmagnetischen Material. Im Ventilkörper (7) sind zwei Spulen (8, 9) integriert, die zum Schalten des Ventils verwendet werden.

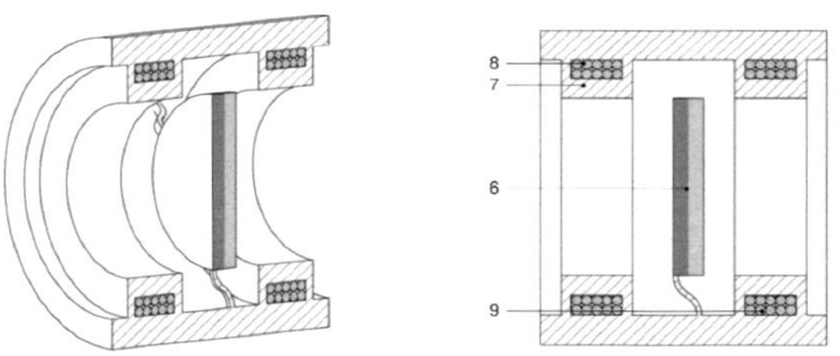

Abbildung 6.17: Magnetimpulsventil (DE102010027456A1) [Risto et al. 2010]

Das Magnetimpulsventil wird für Anwendungen vorgeschlagen, bei denen eine permanente automatisierte Regelung und Steuerung von Stoffflüssen erforderlich ist. Der Vorteil der gezeigten Lösung im Gegensatz zu anderen elektromagnetisch betätigten Ventilen besteht darin, dass elektrische Energie nur zum Umschalten des Ventils benötigt wird. Nach dem Schalten ist keine Energie zum Aufrechterhalten des Schaltzustandes erforderlich. Dadurch wird eine erhebliche Energieeinsparung erreicht. Der erste Schritt zur Realisierung des beschriebenen Magnetimpulsventils wurde im Rahmen des durch das Bundesministerium für Wirtschaft und Technologie geförderten Projektes „Entwicklung eines neuartigen Sicherheitsventils in komplett geschlossener Bauweise mit niedrigem Energieverbrauch", in Kooperation mit AZ Industrietechnik GmbH & Co. KG, unternommen.

Für das Anwendungsfeld der Gassicherheitsventile sind die weiterführenden Untersuchungen von [Hartmann et al. 2014] und [Hartmann & Zentner 2015] zu nennen, die auf Ergebnissen aus der vorliegenden Arbeit aufbauen. Dabei wurde der Einfluss unterschiedlicher Einspannungen der nachgiebigen Aufhängungselemente (Abbildung 6.18) auf die resultierende Ventilkennlinie untersucht. Es zeigt sich, dass beispielsweise durch die Verwendung einer drehgelenkigen Einspannung die Auslösekraft des Ventils um 2/3 reduziert werden kann. Die Untersuchungen von [Hartmann & Zentner 2015] betrachten verschiedene geometrische Varianten der nachgiebigen Aufhängung (Abbildung 6.19) mit dem Ziel der Reduzierung der Ventilkräfte und Vermeidung der Verkippung. Beide Arbeiten nutzen FEM-Simulationen zur Untersuchung der Aufhängungselemente.

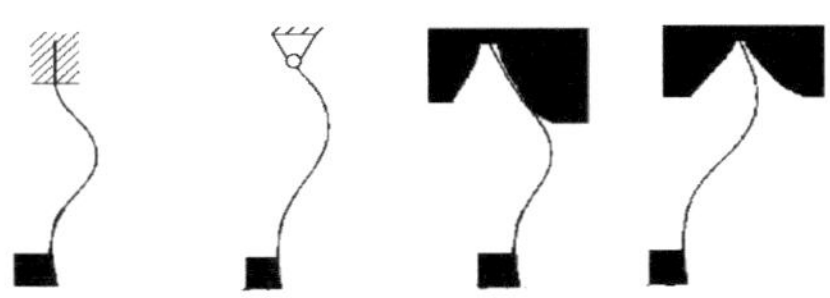

Abbildung 6.18: Unterschiedliche Einspannungen des nachgiebigen Aufhängungselementes [Hartmann et al. 2014]

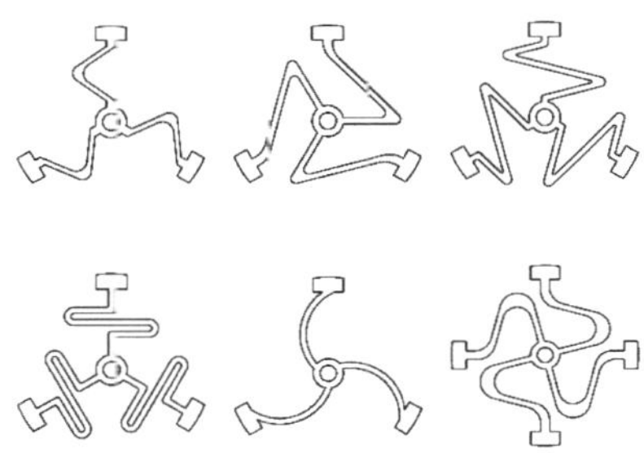

Abbildung 6.19: Geometrische Varianten der nachgiebigen Aufhängung [Hartmann & Zentner 2015]

Die Forschung und Entwicklung zu Sicherheitsventilen wird aktuell im Fachgebiet Nachgiebige Systeme (TU Ilmenau) in dem Projekt „Sicherheitsventil mit hochempfindlichem Ansprechverhalten und integrierter elektromagnetischer Reset-Funktion“ fortgesetzt (Abbildung 6.20). Das Ziel der Entwicklung besteht darin, das Ansprechverhalten des Ventils speziell für die Anwendung im unteren Einsatzbereich mit Gasströmen von 1,3 - 3 m^3/h zu optimieren. Der Fokus der Forschungsarbeiten richtet sich dabei auch darauf, wie durch die Gestaltung der nachgiebigen Aufhängungselemente das Verkippen des Verschlusskörpers gezielt reduziert werden kann.

Abbildung 6.20: Sicherheitsventil mit hochempfindlichem Ansprechverhalten und integrierter elektromagnetischer Reset-Funktion [Fachgebiet Nachgiebige Systeme, TU Ilmenau]

Eine weitere aktuelle Forschungsarbeit [Pendzialek et al. 2017] beschäftigt sich mit der Miniaturisierung eines Rückschlagventils für den Einsatz in Doppelkupplungsgetrieben. Der schematische Aufbau des Ventils sowie die FEM-Simulation zum Verformungsverhalten sind in Abbildung 6.21 und Abbildung 6.22 dargestellt. Das bewegliche Ventilelement mit den drei nachgiebigen Aufhängungselementen besitzt die Form einer *Archimedischen Spirale*. Dabei verhält sich der Radius, den die Aufhängungselemente beschreiben, proportional zum Rotationswinkel. Anhand des Verformungsverhaltens zeigt sich, dass der Verschlusskörper der nachgiebigen Aufhängung parallel zur Ventilebene bleibt und es nicht zum Verkippen des Verschlusskörpers kommt.

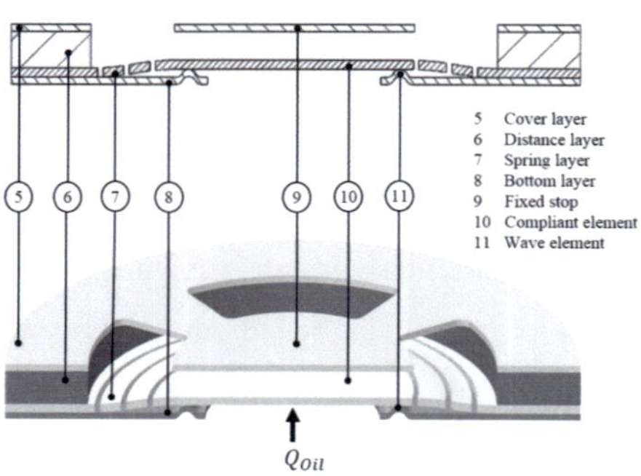

Abbildung 6.21: Miniaturisiertes Rückschlagventil [Pendzialek et al. 2017]

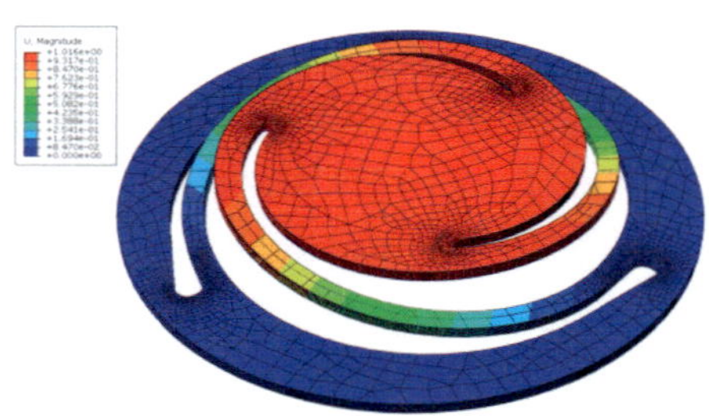

Abbildung 6.22: FEM-Simulation der Ventilfeder – Gesamtverformung [Pendzialek et al. 2017]

7. Zusammenfassung und Ausblick

In der vorliegenden Arbeit wurde das Verhalten nachgiebiger vorgespannter Aufhängungselemente für den Einsatz in bistabilen Sicherheitsventilen für Gasrohrleitungen anhand numerischer Simulationen (FEM) untersucht. Dabei lag der Fokus auf der Ermittlung der Kraft-Verschiebungs-Kennlinie in Abhängigkeit der geometrischen Abmessungen der Aufhängungselemente, der Vorspannung sowie des Einspannwinkels.

Die Zielstellung und Motivation der Arbeit bestand darin, eine Methode zur schnellen und unkomplizierten Dimensionierung von Sicherheitsventilen zu entwickeln. Damit soll zukünftig bei der Dimensionierung auf aufwändige numerische Simulationen verzichtet werden können. Das Dimensionierungsmodell steht dadurch einer breiten Anwendergruppe zur Verfügung.

In den Hauptteilen der Arbeit wurde die Herangehensweise zur Entwicklung des Dimensionierungsmodells auf der Basis numerisch ermittelter Kraft-Verschiebungs-Kennlinien aufgezeigt. Basierend auf den Simulationsergebnissen wurden Beschreibungsgleichungen abgeleitet. Anschließend erfolgte eine experimentelle Überprüfung des Modells. Durch die statistische Auswertung der Messungen an realen Aufhängungselementen konnte das Dimensionierungsmodell schließlich bestätigt werden.

Im letzten Teil der Arbeit wurde eine strukturierte Vorgehensweise („Algorithmus") zur Dimensionierung nachgiebiger Aufhängungselemente vorgeschlagen und die praktische Anwendung des Dimensionierungsmodells veranschaulicht.

Im Rahmen der vorliegenden Arbeit konnten im Einzelnen folgende Ergebnisse erzielt und Schlussfolgerungen abgeleitet werden:

- Die Patentrecherche hat gezeigt, dass neben der vorgeschlagenen Lösung für das neuartige bistabile Sicherheitsventil auf der Basis von WO2008061993A1 [Berger et al. 2008] (mit Beteiligung des Fachgebietes Nachgiebige Systeme, TU Ilmenau) keine vergleichbaren relevanten Lösungen existieren. Darüber hinaus ist die Untersuchung vorgespannter bistabiler Aufhängungselemente aktuelles Forschungsthema.
- Eine analytische Beschreibung zur Ermittlung des Verformungszustandes und der Kraft-Verschiebungs-Kennlinie vorgespannter Aufhängungselemente ist anhand

der Nichtlinearen Theorie für große Verformungen möglich. Die Lösung des resultierenden Differentialgleichungssystems erfordert den Einsatz eines numerischen Lösungsverfahrens.

- Die bistabile Kraft-Verschiebungs-Kennlinie eines Aufhängungselementes lässt sich anhand fünf charakteristischer Stützstellen beschreiben. Anhand des entwickelten Dimensionierungsmodell ist es möglich, die Lage der charakteristischen Stützstellen zu berechnen.
- Für Einspannwinkel von $\alpha = 0$ lässt sich die Kraft-Verschiebungs-Kennlinie eines nachgiebigen Aufhängungselementes anhand der normierten Grundcharakteristik beschreiben. Als Normierungsgrößen können für die Ordinatenachse die Kraft F_{ymax0} und für die Abszissenachse der Betrag der Anfangsauslenkung u_{yA0} verwendet werden.
- Der Anstieg der Kraft-Verschiebungs-Kennlinie im Bereich zwischen den Durchschlagpunkten (Extremstellen) ist für Aufhängungselemente mit gleichen Abmessungen unabhängig von der Vorspannung. Die Aufhängungselemente besitzen daher in diesem Bereich die gleiche Federsteifigkeit.
- Für Einspannwinkel $\alpha > 0$ nehmen die Kräfte F_{ymax} und F_{ymin} in den Durchschlagpunkten und somit die erforderliche Schließ- bzw. Öffnungskraft des Ventils betragsmäßig ab. Gleichzeitig verringert sich die Anfangsauslenkung u_{yA} und damit der Ventilweg s.
- Es existiert ein Grenzwinkel α_G, bei dem die bistabile Kraft-Verschiebungs-Kennlinie in eine monostabile Charakteristik übergeht. Der Grenzwinkel ist im untersuchten Parameterbereich nur von der Vorspannung des Aufhängungselementes abhängig.
- Die Kraft-Verschiebungs-Kennlinie für Einspannwinkel $\alpha < 0$ entspricht der um $180°$ gedrehten Kraft-Verschiebungs-Kennlinie für den Einspannwinkel $|\alpha|$.
- Die experimentelle Untersuchung an realen Aufhängungselementen bestätigt die Ergebnisse der numerischen Simulationen und das daraus abgeleitete Dimensionierungsmodell. Die Abweichungen zwischen Experiment und Dimensionierungsmodell betragen für die Verschiebungen in den charakteristischen Stützstellen weniger als 5 %. Die im Experiment ermittelten Kräfte in den Extremstellen der Kraft-Verschiebungs-Kennlinien liegen im Mittel rund 20 % unter den Kräften aus dem Dimensionierungsmodell. Die Abweichung

zwischen dem Dimensionierungsmodell und den experimentell ermittelten Ergebnissen sind auf Messunsicherheiten zurückzuführen.

- Bei walzrichtungsabhängigem Materialverhalten sollte die Orientierung der Aufhängungselemente quer zur Walzrichtung liegen. Für die untersuchten Aufhängungselemente aus einem Federstahlband 1.4310 HS zeigt sich, dass die ermittelten Kräfte für die längs zur Walzrichtung orientierten Prüfkörper signifikant unter den Kräften für die quer zur Walzrichtung orientierten Prüfkörper liegen.
- Die praktischen Messungen an Ventilprototypen haben gezeigt, dass die geforderten Werte für den Schließfaktor f_S mit dem neuartigen Sicherheitsventil realisiert werden können.
- Bei den realen Sicherheitsventilen kommt es während des Schließvorganges zu einem Verkippen des Verschlusskörpers. Das Verkippen führt zu einer Verringerung der erforderlichen Schließkraft des Ventils. Im Dimensionierungsmodell kann das Verkippen abgebildet werden, indem die Kraft $F_{y\,max}$ für das betroffene Aufhängungselement mit einem Wert von 50 % des Ursprungswertes berücksichtigt wird.
- Das Dimensionierungsmodell ist direkt anwendbar, wenn kein Verkippen des Verschlusskörpers auftritt oder das Verkippen durch konstruktive Lösungen vermieden wird.

Mit der vorliegenden Arbeit wird ein Beitrag zur Entwicklung und Dimensionierung von nachgiebigen vorgespannten Aufhängungselementen geleistet. Dabei ist die Anwendung des entwickelten Dimensionierungsmodells nicht nur auf den Bereich der Sicherheitsventile beschränkt. Im Hinblick auf weiterführende Arbeiten und neue Anwendungsfelder sollen nachfolgend einige Ansätze genannt werden:

- Entwicklung eines frei verfügbaren PC-Tools zur Dimensionierung nachgiebiger Aufhängungselemente
- Untersuchung zur Robustheit des gewünschten Ventilschaltverhaltens gegenüber Fertigungstoleranzen bei der Herstellung von Aufhängungselementen (Erweiterung des Dimensionierungsmodells zur Bestimmung möglichst robuster Abmessungen)

- Untersuchung zum Einfluss der Nachgiebigkeit der Einspannstellen
- Erweiterung des Gültigkeitsbereiches des Dimensionierungsmodells im Hinblick auf miniaturisierte Systeme
- Untersuchung der gezielten Ausnutzung des Verkippens zur Beeinflussung des Schaltverhaltens
- Untersuchung der dynamischen und strömungsdynamischen Ventileigenschaften

- Erschließung neuer Anwendungsfelder, wie z. B.:
    - Schalter mit Kraft- oder Weghysterese: Es existieren zwei Umschaltpunkte für das Ein- und Ausschalten. Aufgrund der Hysterese zwischen den Umschaltpunkten können kraft- oder wegabhängige Schalter realisiert werden, die beispielsweise zum Dosieren oder Steuern von Füllständen (ohne Elektronik) verwendet werden können.
    - Belastung-Zeit-abhängige Schalter/Sensoren (Schalter mit Zeitkonstante): Die Einspannstelle des Aufhängungselementes ist drehbar gelagert, so dass sich der Einspannwinkel des Aufhängungselementes belastungsabhängig verändern kann. Die Verdrehung wird durch ein Dämpferelement verzögert. Beim Einwirken kurzzeitiger Belastungen kommt es nur zu einer geringfügigen Verdrehung der Einspannstelle, erst bei länger einwirkender Belastung stellen sich größere Einspannwinkel ein. Durch den zunehmenden Einspannwinkel nimmt die erforderliche Schaltkraft immer weiter ab, bis ein Umschalten erfolgt.

Literatur

[Accoto et al. 2006]	Accoto, D.; Prinz, F.; Fabian, T.; Ryu, W. H.; Sasahara, J.; Tsuru, H.; Brasseur, G.: *Bistable miniature valve,* US20060017534A1, 2006.
[Amsel 2002]	Amsel, K.: *Dampfbügeleisen,* EP1100988B1, 2002.
[Berger et al. 2007]	Berger, W.; Labahn, J.; Büchner, U.: *Sicherheitsabsperrvorrichtung, nämlich Strömungswächter,* DE102004032236B4, 2007.
[Berger et al. 2008]	Berger, W.; Beer, D. G.; Zentner, L.; Schneider, H. U.; Schurr, U.: *Sicherheitsabsperrvorrichtung, nämlich Strömungswächter für fluide Medien mit einem, insbesondere rohrförmigen Gehäuse,* WO2008061993A1, 2008.
[Biasiotto et al. 2007]	Biasiotto, M.; Butera, F.; Alacqua, S.; Zanella, A.: *Diaphragm valve with shape memory actuator,* EP1762764B1, 2007.
[Biegelsen et al. 1998]	Biegelsen, D. K.; Jackson, W. B.; Cheung, P.C.P.; Yim, M. H.; Berlin, A. A.: *Microdevice valve strucures for fluid control,* EP0845603A1, 1998.
[Biswajit Banerjee 2014]	Biswajit Banerjee: *Comparison of ANSYS elements SHELL181 and SOLSH190*, 2014.
[Braess 2013]	Braess, D.: *Finite Elemente: Theorie, schnelle Löser und Anwendungen in der Elastizitätstheorie*. Springer, Berlin, Heidelberg, 2013.
[Cazottes et al. 2009]	Cazottes, P.; Fernandes, A.; Pouget, J.; Hafez, M.: *Bistable Buckled Beam: Modeling of Actuating Force and Experimental Validations*. Journal of Mechanical Design 131 (2009), 10.
[Colovret 1994]	Colovret, S.: *Schließvorrichtung für Erdgasleitungen,* EP0686795B1, 1994.
[Crompton & Dias 2014]	Crompton, D.; Dias, L.: *Flow check valve assembly and method,* WO2014120996A1, 2014.

[Dachselt & Nebel 2010] Dachselt, M.; Nebel, F.: *Vorrichtung zum Öffnen und Verschließen eines Getränkebehälters mit hohem Innendruck,* WO2010145640, 2010.

[Dankert 2013] Dankert, J.: *Technische Mechanik: Statik, Festigkeitslehre, Kinematik/Kinetik.* Springer Vieweg, Wiesbaden, 2013.

[Dietzsch 2017] Dietzsch, F.: *Integrated safety concept of DVGW in terms of statistical verification of incidents.* Pipeline technology journal (2017), 5, pp. 17–21.

[DVGW 2007] DVGW: *Gasströmungswächter für die Gasinstallation: Technische Regel VP501-1.* Wirtschafts- und Verl.-Ges. Gas und Wasser, Bonn, 2007.

[Eielsen 1998] Eielsen, J. I.: *Fluid-activatable shut-off device,* WO9854496A1, 1998.

[Fahrenbach et al. 2004] Fahrenbach, R.; Kiesewetter, O. D.; Robertz, M.: *Bistabiles Ventil,* EP1164324B1, 2004.

[Fahrmeir et al. 2009] Fahrmeir, L.; Kneib, T.; Lang, S.: *Regression: Modelle, Methoden und Anwendungen.* Springer-Verlag Berlin Heidelberg, Berlin, Heidelberg, 2009.

[Foshansky 2010] Foshansky, L.: *Multi-stable actuation apparatus and methods for making and using the same,* WO2010019626A1, 2010.

[Frisch 2002] Frisch, H.: *Ventil zur Fluidsteuerung (Valve for fluid control),* EP1229277, 2002.

[Gao 2015] Gao, D.: *Anti-shake flow-limiting cutoff valve,* US20150000769A1, 2015.

[Geinitz 2011] Geinitz, V.: *Funktions- und fertigungsrelevante Kennwerte für Federstahldraht und Federband.* Abschlussbericht IGF 16217 BR, 2011.

[Glover et al. 2003] Glover, D. S.; Scanlon, J. E.; Koeroghlian, M.: *Improved Excess Flow Valve,* WO03002896A2, 2003.

[Goll et al. 1997] Goll, C.; Büstgens, B.; Schomburg, W.: *Mikromembranventil und Verfahren zu dessen Herstellung,* WO9701054A1, 1997.

[Gross 1998] Gross, J.: *A device for generating a pulsatile fluid drug flow,* WO9829662A1, 1998.

[Hartmann et al. 2014] Hartmann, L.; Opfermann, R.; Zentner, L.: *Analysis of supports of a three-legged compliant snap-through structure for application in an excess flow valve*. Shaping the future by engineering 58th IWK, Ilmenau Scientific Colloquium, Technische Universität Ilmenau, 8 - 12 September 2014 ; proceedings (2014).

[Hartmann & Zentner 2015] Hartmann, L.; Zentner, L.: *FEM-basierte Untersuchung der Formgebung nachgiebiger Durchschlagelemente für Gasströmungswächter*. In: Lüth, T. (Hrsg.): 11. Kolloquium Getriebetechnik, Garching, 28. - 30. September 2015. Technische Universität, München, 2015, S. 389–398.

[Hartung 2006] Hartung, K.-H.: *Strömungswächter,* DE102008018116B4, 2006.

[Henein 2003] Henein, S.: *Conception des guidages flexibles*. Presses polytechniques et universitaires romandes, Lausanne, Suisse, 2003.

[Hogel 1973] Hogel, J. E.: *Snap action pneumatic relay,* US3707982, 1973.

[ISO 2008] ISO: *Guide to the expression of uncertainty measurement (GUM)*. International Organisation of Standardization, Geneva, 2008.

[Jerman 1951] Jerman, D. L.: *Differential pressure closed safety valve,* US2569316, 1951.

[Lea-Wilson & Fajayan 2008] Lea-Wilson, M. A.; Fajayan, D. B. F.: *Excess flow valve,* US8020582B2, 2008.

[Lenn 2014] Lenn, A. R.: *Excess flow cartridge,* US8640733B1, 2014.

[Lubawy 2012] Lubawy, A. L.: *Mechanical fuse to seal pipes upon unintended rupture,* US8316382B2, 2012.

[Maichl et al. 2003] Maichl, M.; Stoll, K. D.; Vollmer, H. D.: *Ventil,* EP0922893B1, 2003.

[Martin 1960] Martin, J. D.: *Pressure responsive flow-stop valve,* US2926690A1, 1960.

[Masloff 1992] Masloff, P.: *Safety cut-out,* WO92/01184, 1992.

[Masloff 2003] Masloff, P.: *Sicherheitsschließvorrichtung für Gasrohrleitungen,* EP1282797B1, 2003.

[Moorhead 1950] Moorhead, j. O.: *Snap switch and snap-acting element,* US2516236, 1950.

[OH 2014] OH, S.-i.: *Excess flow shut-off device,* US20140261777A1, 2014.

[Oldfather et al. 1933] Oldfather, W. A.; Ellis, C. A.; Brown, D. M.: *Leonard Euler's Elastic Curves*. ISIS (1933), Vol. 20, No. 1, S. 72–160.

[Olechowski et al. 2003] Olechowski, G. M.; Socier, T. R.; Hess, I.J.M.; Manning, J. P.; Brown, S. R.: *Deformable dispensing valve,* WO03014005A1, 2003.

[Oventrop] Oventrop: *Gasströmungswächter „Typ K" bis 100mbar*, http://www.oventrop.com/de-DE/produkte/produktgruppen/artikel/3028710; Zugriff am 25.07.2017.

[Papula 2016] Papula, L.: *Mathematik für Ingenieure und Naturwissenschaftler: Vektoranalysis, Wahrscheinlichkeitsrechnung, Mathematische Statistik, Fehler- und Ausgleichsrechnung*. Springer Vieweg, Wiesbaden, 2016.

[Pendzialek et al. 2017] Pendzialek, M.; Schneider, J.; Höhe, K.; Zentner, L.: *Miniaturization of Check Valves*. In: Zentner, L.; Corves, B.; Jensen, B.; Lovasz, E.-C. (Hrsg.): Microactuators and micromechanisms: Proceedings of MAMM-2016, Ilmenau, Germany, October 5-7, 2016. Springer International Publishing, Cham, 2017, S. 15–26.

[Peters 1977] Peters, C. M.: *Velocity flow control valve for fluid line,* US4010770, 1977.

[Pflüger 1975] Pflüger, A.: *Stabilitätsprobleme der Elastostatik*. Springer, Berlin, 1975.

[Qiu et al. 2001] Qiu, J.; Lang, J. H.; Slocum, A. H.: *A centrally-clamped parallel-beam bistable MEMS mechanism*. Technical Digest. MEMS 2001. 14th IEEE International Conference on Micro Electro Mechanical Systems (Cat. No.01CH37090), 2001, S. 353–356.

[Rakieski 1997] Rakieski, K. E.: *Device for restricting excess flow,* US5613518, 1997.

[Risto et al. 2010] Risto, U.; Uhlig, R.; Zentner, L.; Zimmermann, D.: *Magnetimpulsventil,* DE102010027456A1, 2010.

[Rossiter et al. 2006] Rossiter, J.; Stoimenov, B.; Mukai, T.: *A Bistable Artificial Muscle Actuator*. 2006 IEEE International Symposium on MicroNanoMechanical and Human Science, 2006, S. 1–6.

[Schätzing et al. 2014] Schätzing, W.; Schliesch, T.; Ulmer, M.: *FEM für Praktiker*. Expert-Verl., Renningen, 2014.

[Schilling 1969] Schilling, W. H.: *Automatic flow-responsive valve,* US3441052, 1969.

[Schulze 2013] Schulze, K.: *Gasströmungswächter,* DE10127435B4, 2013.

[Schulze & Albrecht 1994] Schulze, K.; Albrecht, G.: *Safety shut-off for gas lines,* WO94/16255, 1994.

[Shade & Starace 2006] Shade, S.; Starace, J.: *Flow control device and system,* WO2006014184A1, 2006.

[Sidney P. Vaughn 1935] Sidney P. Vaughn: *Snap action device,* US1988345, 1935.

[Stoll & Schleth 1998] Stoll, K.D.I.D.; Schleth, A.: *Piezo-valve with two stable positions, for use in miniature systems,* DE19720849A1, 1998.

[Szabó 1984] Szabó, I.: *Einführung in die Technische Mechanik: Nach Vorlesungen*. Springer, Berlin, 1984.

[Timoshenko 1953] Timoshenko, S. P.: *History of Strength of Materials: With a Brief Account of the History of Theory of Elasticity and Theory of Structures*. McGraw-Hill, New York, 1953.

[Timoshenko & Gere 1961] Timoshenko, S. P.; Gere, J. M.: *Theory of elastic stability*. McGraw-Hill, New York, 1961.

[Vangbo 1998] Vangbo, M.: *An analytical analysis of a compressed bistable buckled beam*. Sensors and Actuators A: Physical 69 (1998), 3, S. 212–216.

[Wagner 2002] Wagner, M. R.: *Rohr(bruch)ventil,* DE10137307A1, 2002.

[Welborn 1955] Welborn, A. A.: *Impact type snap acting shut-off valve,* US2712427, 1955.

[Zeni et al. 2013] Zeni, M.; Fontanazzi, G.; Raffaelli, S.: *Safety valve for gas pipelines,* EP2497981B1, 2013.

[Zentner 2014] Zentner, L.: *Nachgiebige Mechanismen*. De Gruyter, München, 2014.

[Zimmermann 2001] Zimmermann, K.: *Technische Mechanik - multimedial*: *Übungsbuch mit Multimedia-Software (mit 45 Tabellen)*. Fachbuchverl. im Carl Hanser Verl., Leipzig, 2001.

Anhang A

Ausgleichsrechnung, Gaußsche Methode der kleinsten Quadrate

Bei der Ausgleichsrechnung (Regression) wird unterstellt, dass die Abszissenwerte u der betrachteten Stichprobe im Vergleich zu den Ordinatenwerten F als fehlerfrei angesehen werden können. Somit lässt sich als Maß für die Abweichung zwischen einer Ausgleichskurve $F = f(u)$ und einem Punkt (u_i, F_i) der Stichprobe die Ordinatendifferenz a_i in diesem Punkt wie folgt formulieren.

$$a_i = F_i - f(u_i) \qquad \text{[Papula 2016]} \qquad \text{(A.1)}$$

Nach der Auswahl einer Ansatzfunktion müssen die Werte der Funktionsparameter p_1, p_2, … so bestimmt werden, dass eine bestmögliche Anpassung der Ausgleichskurve an die Punkte der Stichprobe erreicht wird. Eine objektive Methode zur Bestimmung der Funktionsparameter stellt die *Gaußsche Methode der kleinsten Quadrate* dar. Demnach wird die „beste“ Anpassung erreicht, wenn die Summe S der Abstandsquadrate nach Gleichung (A.2) für alle n Stichprobenelemente ein Minimum annimmt:

$$S = \sum_{i=1}^{n} a_i^2 = \sum_{i=1}^{n} \left(F_i - f(u_i)\right)^2 \quad \rightarrow \quad \text{Minimum} \qquad \text{[Papula 2016]} \qquad \text{(A.2)}$$

Zur Erfüllung von Gleichung (A.2) erfolgt die Berechnung der Parameterwerte über die partiellen Ableitungen von $S(p_1, p_2, ...)$:

$$\frac{\partial S}{\partial p_1} = 0, \qquad \frac{\partial S}{\partial p_2} = 0, \qquad \ldots \qquad \text{(A.3)}$$

Da die partiellen Ableitungen im Allgemeinen nichtlinear sind, erfolgt die Lösung des Gleichungssystems meist numerisch. Es ist zu beachten, dass die Gleichung (A.3) nur die notwendige Bedingung für die Existenz eines Minimums darstellt und eine Überprüfung des Minimum zusätzlich noch erforderlich ist.

Zur Überprüfung der Regressionsgüte kann das *Bestimmtheitsmaß* R^2 verwendet werden. Die Gleichung zur Berechnung des Bestimmtheitsmaßes ist wie folgt definiert [Fahrmeir et al. 2009]:

$$R^2 = \frac{\sum_{i=1}^{n}\left(\hat{F}_i - \overline{F}\right)^2}{\sum_{i=1}^{n}\left(F_i - \overline{F}\right)^2} = 1 - \frac{S}{\sum_{i=1}^{n}\left(F_i - \overline{F}\right)^2} \qquad 0 \le R^2 \le 1 \tag{A.4}$$

In Gleichung (A.4) verkörpert $\hat{F}_i$ die Schätzgröße, die sich aus der Ausgleichskurve ergibt. $\overline{F}_i$ entspricht dem Mittelwert der Ordinatenwerte F_i aller Stichprobenelemente. Das Bestimmtheitsmaß R^2 kann Werte im Bereich von 0 bis 1 (bzw. 0 % bis 100 %) annehmen. Je dichter der Wert an 1 (100 %) liegt, umso besser ist die Güte der Regression einzuschätzen.

Anhang B

Visueller Vergleich der Ansatzfunktionen A bis F zur Beschreibung der Normierungsgröße $|u_{yA0}|$ (aus Abschnitt 4.1.3)

In den nachfolgenden Diagrammen sind die Curve-Fits für die verschiedenen Ansatzfunktionen A bis F (aus Abschnitt 4.1.3) exemplarisch gegenübergestellt. An dieser Stelle soll ein visueller Eindruck vermittelt werden, wie „gut“ jeder einzelne Lösungsansatz die Stichprobe tatsächlich abbilden kann. Es zeigt sich, dass nicht nur objektiv anhand des Bestimmtheitsmaßes, sondern auch aus visueller Sicht die Potenzfunktion C (Diagramm B.3) für die Beschreibung der Stichprobe geeignet ist. Für eine qualitativ hochwertige Wiedergabe der Stichprobe sollten nur solche Ansatzfunktionen verwendet werden, für die das Bestimmtheitsmaß R^2 nahe an 100 % liegt. Bei der Betrachtung von Diagramm B.2 oder Diagramm B.6 ist ersichtlich, dass trotz hoher Werte für R^2 von über 96 % die Wiedergabe der Stichprobe nur mit deutlichen Abweichungen möglich ist.

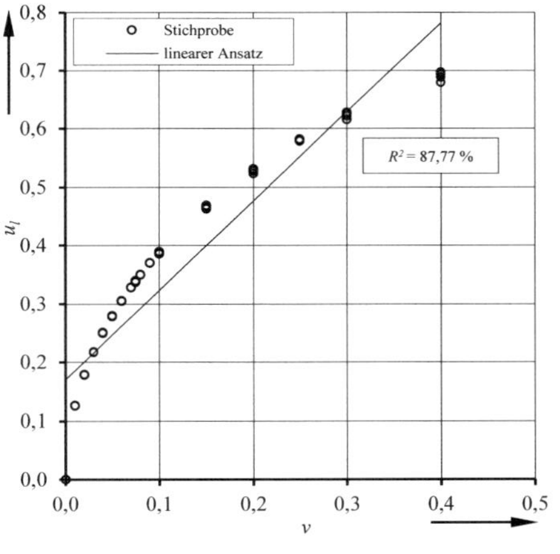

Diagramm B.1: Curve-Fit. Stichprobe und lineare Ansatzfunktion (A)

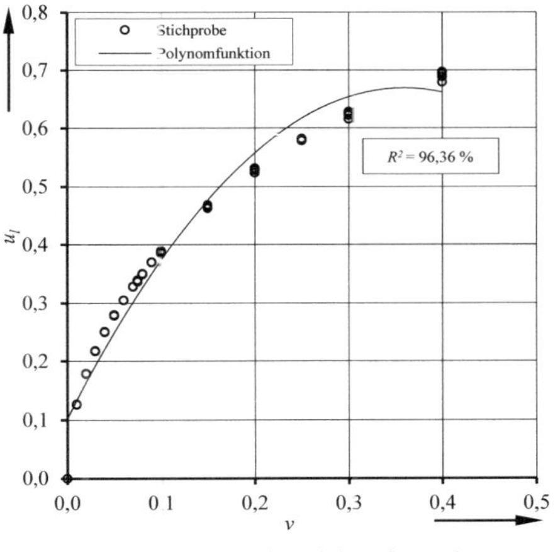

Diagramm B.2: Curve-Fit. Stichprobe und Polynomfunktion 2. Grades (B)

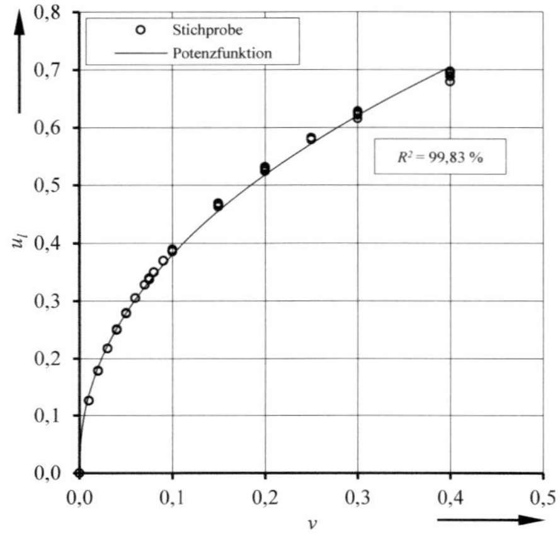

Diagramm B.3: Curve-Fit. Stichprobe und Potenzfunktion (C)

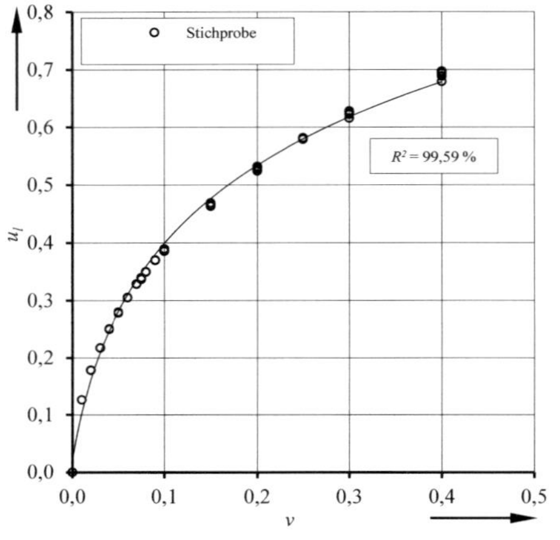

Diagramm B.4: Curve-Fit. Stichprobe und Logarithmusfunktion (D)

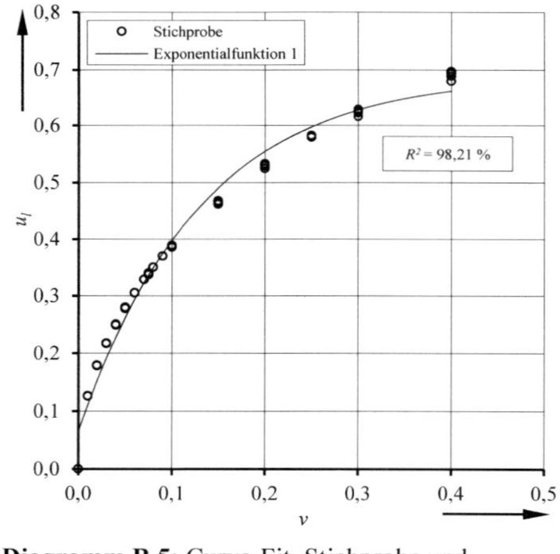

Diagramm B.5: Curve-Fit. Stichprobe und Exponentialfunktion I (E)

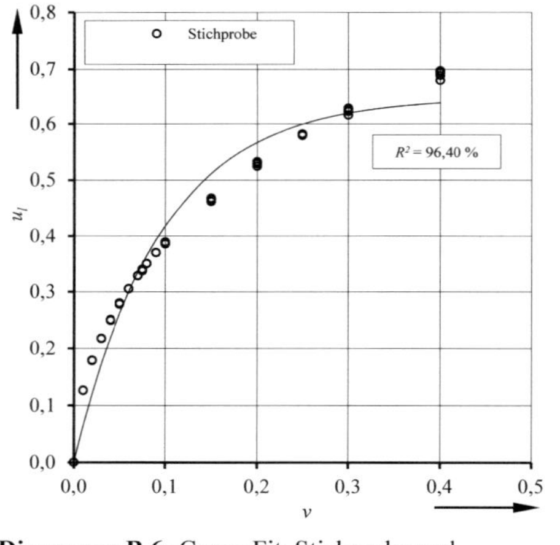

Diagramm B.6: Curve-Fit. Stichprobe und Exponentialfunktion II (F)

Gegenüberstellung der KVK aus dem Dimensionierungsmodell und der FEM-Simulation

In den nachfolgenden Diagrammen sind zur Veranschaulichung ausgewählte KVK aus dem Dimensionierungsmodell und aus den FEM-Simulationen vergleichend gegenübergestellt. Es soll damit ein visueller Eindruck zur Übereinstimmung zwischen dem Modell und den Simulationen vermittelt werden. In Diagramm B.7 und Diagramm B.10 sind die geometrischen Abmessungen des Aufhängungselementes so gewählt, dass diese zum Teil außerhalb des untersuchten Wertebereiches nach Tabelle 4.1 liegen. Für die dargestellten KVK ergibt sich aus visueller Sicht eine gute bis sehr gute Übereinstimmung zwischen Simulation und Dimensionierungsmodell. Unterschiede sind jedoch teilweise in der Ausprägung der lokalen Extremstellen (Stützstellen B und D) auszumachen. Während für kleine Längen *l* des Aufhängungselementes eine sehr gute Übereinstimmung erkennbar ist, ergeben sich für größere Längen *l* zunehmende Abweichungen.

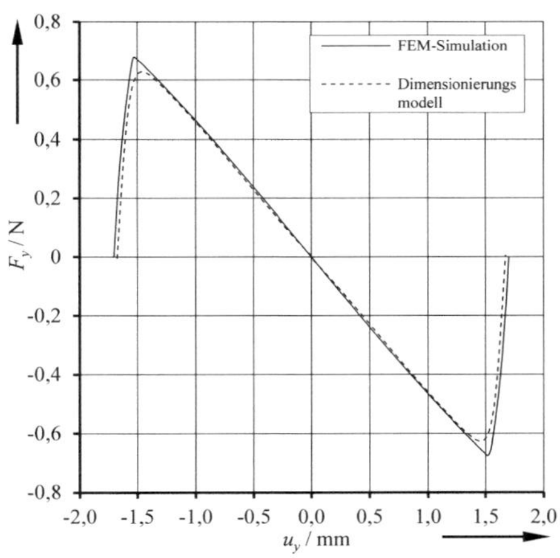

Diagramm B.7: Kraft-Verschiebungs-Kennlinien (l = 5 mm, d = 0,025 mm, v_x = 0,375 mm)

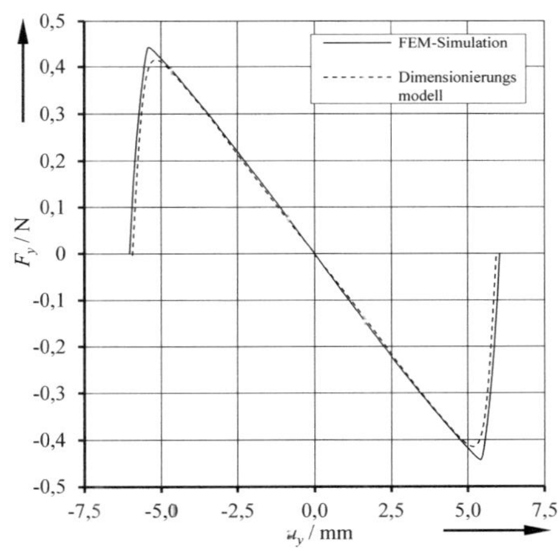

Diagramm B.8: Kraft-Verschiebungs-Kennlinien (l = 17,5 mm, d = 0,05 mm, v_x = 1,35 mm)

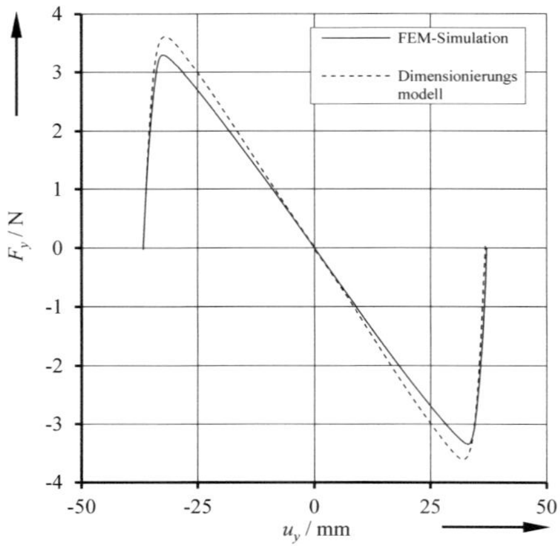

Diagramm B.9: Kraft-Verschiebungs-Kennlinien (l = 125 mm, d = 0,4 mm, v_x = 7,0 mm)

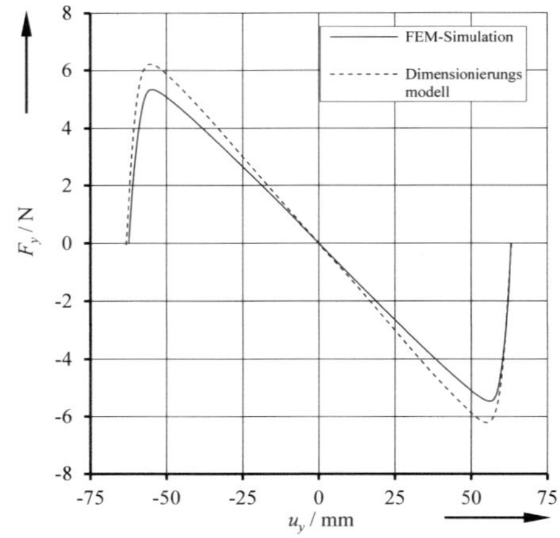

Diagramm B.10: Kraft-Verschiebungs-Kennlinien (l = 250 mm, d = 0,8 mm, v_x = 10,0 mm)

Zugversuche an Bändern aus 1.4310 HS (Ermittlung des E-Moduls)

Im Rahmen der experimentellen Überprüfung der Simulationsergebnisse in Kapitel 5 wurden Zugversuche an Federstahlbändern (1.4310 HS) durchgeführt. Bei dem verwendeten Material handelt es sich um das gleiche Material, das für die Herstellung der Prüfkörper verwendet wurde. Mit Hilfe der Zugversuche sollte vorrangig der E-Modul für längs und quer zur Walzrichtung orientierte Zugproben ermittelt werden. Es wurden für Banddicken von 0,12 mm bis 0,20 mm jeweils zwei Zugproben für Quer- und Längsorientierung untersucht. In Diagramm B.11 sind die Mittelwerte aus beiden Zugproben dargestellt. Für die quer orientierten Zugproben wurden Werte zwischen 205 GPa und 210 GPa ermittelt, bei Längsorientierung betragen die Werte etwa 175 GPa für die Banddicken bis 0,17 mm. Für die Banddicke 0,20 mm beträgt der E-Modul rund 193 GPa. In Diagramm B.12 sind zusätzlich die ermittelten Dehngrenzen für die untersuchten Zugproben dargestellt.

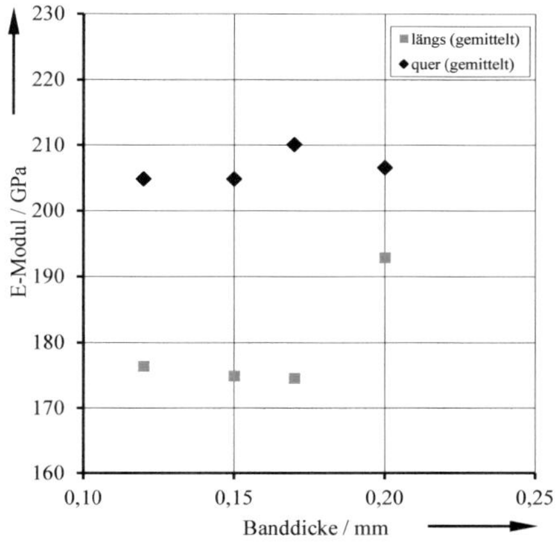

Diagramm B.11: Elastizitätsmodul (Mittelwerte) für unterschiedliche Banddicken

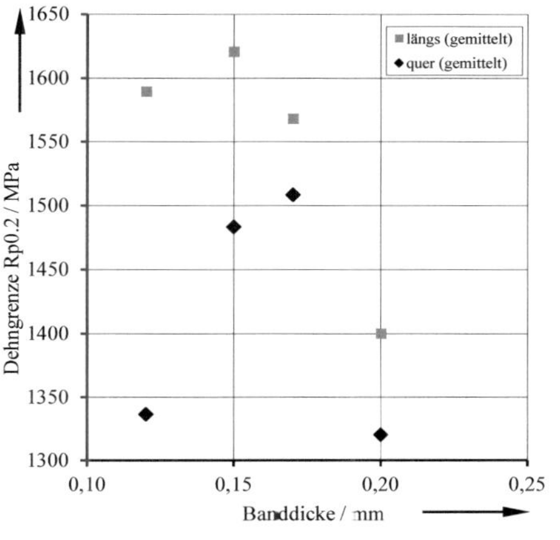

Diagramm B.12: Dehngrenze $R_{p0.2}$ (Mittelwerte) für unterschiedliche Banddicken

Anhang C

Berechnungsgleichungen für Mittelwert, Standardabweichung der Einzelmessung und Standardfehler des Mittelwertes:

Berechnung des Mittelwertes:

$$\overline{q} = \frac{1}{n}\sum_{i=1}^{n} q_i \qquad n \text{ ... Anzahl der Messungen} \qquad \text{[ISO 2008]} \qquad \text{(C.1)}$$

Berechnung der Standardabweichung für die Einzelmessung:

$$\sigma = \sqrt{\frac{1}{n-1}\sum_{i=1}^{n}\left(q_i - \overline{q}\right)^2} \qquad \text{[ISO 2008]} \qquad \text{(C.2)}$$

Berechnung der Standardabweichung (Standardunsicherheit) des Mittelwertes:

$$\sigma_n = \frac{\sigma}{\sqrt{n}} \qquad \text{[ISO 2008]} \qquad \text{(C.3)}$$

Ergänzung zu Tabelle 2.1 (weitere Patente)

Tabelle C.1: Weitere relevante Patente (Klassifizierung nach Tabelle 2.1)

Klassifizierung	Weitere relevante Patente
A-I	US2926690A1 – Pressure responsive flow-stop valve [Martin 1960] WO94/16255 – Safety shut-off for gas lines [Schulze & Albrecht 1994] US20150000769A1 – Anti-shake flow-limiting cutoff valve [Gao 2015] US5613518 – Device for restricting excess flow [Rakieski 1997] EP0686795B1 – Schließvorrichtung für Erdgasleitungen [Colovret 1994] DE102008018116B4 – Strömungswächter [Hartung 2006] US20140261777A1 – Excess flow shut-off device [OH 2014] DE102004032236B4 – Sicherheitsabsperrvorrichtung, nämlich Strömungswächter [Berger et al. 2007] DE10127435B4 – Gasströmungswächter [Schulze 2013] US8020582B2 – Excess flow valve [Lea-Wilson & Fajayan 2008]
B-I	US4010770 – Velocity flow control valve for fluid line [Peters 1977]
B-III	WO2006014184A1 – Flow control device and system [Shade & Starace 2006]
C-I	US8316882B2 – Mechanical fuse to seal pipes upon unintended rupture [Lubawy 2012]

Anhang D

Messdaten, Berechnungsdaten aus dem Dimensionierungsmodell, q-Werte

Setup		Messergebnis						Berechnungsergebnis (Dimensionierungsgleichungen)						q-Werte					
vx	alpha	uyA	uyE	Fymax	uyB	Fymin	uyD	uyA	uyE	Fymax	uyB	Fymin	uyD	qyA	qyE	qFymax	quyB	qFymin	quyD
mm	°	mm	mm	N	mm	N	mm	mm	mm	N	mm	N	mm						
Prüfkörper 100.Q1																			
0,50	0	-4,48	4,78	0,67	-3,85	-0,69	4,11	-4,65	4,65	0,99	-4,05	-0,99	4,05	0,96	1,03	0,67	0,95	0,70	1,01
0,50	3	-4,36	4,81	0,59	-3,60	-0,71	4,26	-4,44	4,65	0,70	-3,63	-0,79	3,97	0,98	1,04	0,84	0,99	0,89	1,07
0,50	6	-4,13	4,74	0,34	-3,19	-0,52	4,01	-4,20	4,65	0,51	-3,20	-0,69	3,85	0,98	1,02	0,67	0,99	0,76	1,04
0,50	9	-3,87	4,68	0,20	-3,10	-0,45	3,72	-3,90	4,65	0,35	-2,78	-0,61	3,70	0,99	1,01	0,57	1,11	0,74	1,01
0,75	0	-5,65	5,79	0,80	-4,64	-0,83	4,87	-5,57	5,57	1,18	-4,85	-1,18	4,85	1,02	1,04	0,68	0,96	0,70	1,00
0,75	3	-5,46	5,84	0,73	-4,39	-0,84	5,06	-5,37	5,57	0,88	-4,44	-0,98	4,78	1,02	1,05	0,83	0,99	0,86	1,06
0,75	6	-5,18	5,79	0,49	-3,86	-0,68	4,69	-5,15	5,57	0,69	-4,02	-0,87	4,67	1,01	1,04	0,72	0,96	0,78	1,01
0,75	9	-4,84	5,72	0,35	-3,50	-0,60	4,47	-4,88	5,57	0,52	-3,61	-0,78	4,53	0,99	1,03	0,68	0,97	0,77	0,99
0,75	12	-4,52	5,64	0,23	-3,30	-0,54	4,33	-4,56	5,57	0,37	-3,20	-0,71	4,38	0,99	1,01	0,61	1,03	0,77	0,99
1,00	0	-6,45	6,68	0,94	-5,56	-0,96	5,66	-6,33	6,33	1,35	-5,51	-1,35	5,51	1,02	1,06	0,70	1,01	0,71	1,03
1,00	3	-6,33	6,74	0,86	-5,23	-0,97	5,87	-6,14	6,33	1,04	-5,11	-1,13	5,45	1,03	1,06	0,82	1,02	0,86	1,08
1,00	6	-6,15	6,72	0,62	-4,60	-0,81	5,59	-5,92	6,33	0,84	-4,70	-1,02	5,35	1,04	1,06	0,74	0,98	0,80	1,05
1,00	9	-5,94	6,71	0,48	-4,15	-0,73	5,33	-5,68	6,33	0,67	-4,30	-0,93	5,22	1,05	1,06	0,71	0,97	0,78	1,02
1,00	12	-5,60	6,63	0,35	-3,84	-0,66	5,06	-5,39	6,33	0,51	-3,89	-0,85	5,08	1,04	1,05	0,68	0,99	0,78	1,00
1,25	0	-7,11	7,37	1,05	-6,07	-1,07	6,30	-6,99	6,99	1,49	-6,09	-1,49	6,09	1,02	1,05	0,71	1,00	0,72	1,04
1,25	3	-6,98	7,42	0,97	-5,85	-1,07	6,52	-6,80	6,99	1,17	-5,69	-1,26	6,03	1,03	1,06	0,83	1,03	0,85	1,08
1,25	6	-6,83	7,42	0,75	-5,43	-0,94	6,27	-6,59	6,99	0,97	-5,29	-1,15	5,93	1,04	1,06	0,78	1,03	0,82	1,06
1,25	9	-6,62	7,40	0,59	-4,92	-0,85	6,09	-6,36	6,99	0,80	-4,89	-1,06	5,81	1,04	1,06	0,74	1,01	0,81	1,05
1,25	12	-6,38	7,36	0,45	-4,44	-0,78	5,90	-6,10	6,99	0,64	-4,49	-0,97	5,68	1,05	1,05	0,70	0,99	0,80	1,04
1,50	0	-7,82	8,00	1,14	-6,53	-1,17	6,82	-7,58	7,58	1,61	-6,60	-1,61	6,60	1,03	1,06	0,71	0,99	0,72	1,03
1,50	3	-7,67	8,08	1,06	-6,33	-1,16	6,94	-7,39	7,58	1,30	-6,21	-1,38	6,54	1,04	1,07	0,82	1,02	0,84	1,06
1,50	6	-7,47	8,10	0,87	-5,92	-1,05	6,78	-7,19	7,58	1,09	-5,81	-1,27	6,45	1,04	1,07	0,80	1,02	0,83	1,05
1,50	9	-7,24	8,08	0,71	-5,66	-0,97	6,66	-6,97	7,58	0,91	-5,42	-1,17	6,34	1,04	1,07	0,78	1,04	0,83	1,05
1,50	12	-7,00	8,05	0,56	-5,27	-0,89	6,56	-6,72	7,58	0,75	-5,03	-1,09	6,21	1,04	1,06	0,74	1,05	0,82	1,06
Prüfkörper 100.Q2																			
0,75	0	-6,84	7,13	0,31	-6,02	-0,31	6,04	-6,97	6,97	0,44	-6,07	-0,44	6,07	0,98	1,02	0,71	0,99	0,70	0,99
0,75	3	-6,64	7,19	0,27	-5,84	-0,31	6,44	-6,66	6,97	0,31	-5,44	-0,35	5,96	1,00	1,03	0,87	1,07	0,88	1,08
0,75	6	-6,34	7,13	0,17	-5,23	-0,24	5,89	-6,30	6,97	0,23	-4,80	-0,31	5,77	1,01	1,02	0,75	1,09	0,79	1,02
0,75	9	-6,00	7,11	0,12	-4,30	-0,21	5,74	-5,85	6,97	0,15	-4,17	-0,27	5,55	1,03	1,02	0,77	1,03	0,76	1,04
0,75	12	-5,18	6,99	0,07	-3,94	-0,18	5,11	-5,23	6,97	0,09	-3,54	-0,24	5,29	0,99	1,00	0,76	1,11	0,76	0,97
1,13	0	-8,48	8,62	0,38	-7,22	-0,38	7,25	-8,37	8,37	0,53	-7,29	-0,53	7,29	1,01	1,03	0,72	0,99	0,72	1,00
1,13	3	-8,26	8,72	0,33	-6,96	-0,38	7,64	-8,07	8,37	0,39	-6,67	-0,44	7,19	1,02	1,04	0,85	1,04	0,87	1,06
1,13	6	-7,88	8,74	0,24	-6,24	-0,32	7,09	-7,74	8,37	0,31	-6,05	-0,39	7,02	1,02	1,04	0,79	1,03	0,82	1,01
1,13	9	-7,40	8,70	0,19	-5,91	-0,28	6,83	-7,34	8,37	0,23	-5,43	-0,35	6,82	1,01	1,04	0,80	1,09	0,80	1,00
1,50	0	-9,56	9,84	0,45	-8,42	-0,44	8,42	-9,49	9,49	0,60	-8,27	-0,60	8,27	1,01	1,04	0,75	1,02	0,74	1,02

Setup		Messergebnis						Berechnungsergebnis (Dimensionierungsgleichungen)						q-Werte					
vx	alpha	uyA	uyE	Fymax	uyB	Fymin	uyD	uyA	uyE	Fymax	uyB	Fymin	uyD	qyA	qyE	qFymax	quyB	qFymin	quyD
mm	°	mm	mm	N	mm	N	mm	mm	mm	N	mm	N	mm						
1,50	3	-9,38	9,95	0,40	-8,14	-0,44	8,73	-9,20	9,49	0,46	-7,66	-0,50	8,17	1,02	1,05	0,86	1,06	0,88	1,07
1,50	6	-9,15	9,98	0,30	-7,31	-0,38	8,38	-8,88	9,49	0,37	-7,05	-0,45	8,02	1,03	1,05	0,80	1,04	0,84	1,05
1,50	9	-8,86	9,98	0,24	-6,57	-0,34	8,20	-8,52	9,49	0,30	-6,45	-0,41	7,83	1,04	1,05	0,80	1,02	0,82	1,05
1,50	12	-8,45	9,90	0,18	-6,30	-0,31	7,75	-8,09	9,49	0,23	-5,84	-0,38	7,61	1,04	1,04	0,78	1,08	0,81	1,02
1,88	0	-10,83	10,99	0,50	-9,28	-0,50	9,32	-10,49	10,49	0,66	-9,14	-0,66	9,14	1,03	1,05	0,76	1,02	0,75	1,02
1,88	3	-10,60	11,10	0,45	-8,96	-0,49	9,54	-10,21	10,49	0,52	-8,54	-0,56	9,05	1,04	1,06	0,86	1,05	0,88	1,05
1,88	6	-10,27	11,15	0,36	-8,35	-0,44	9,27	-9,90	10,49	0,43	-7,94	-0,51	8,91	1,04	1,06	0,83	1,05	0,86	1,04
1,88	9	-9,89	11,15	0,29	-7,98	-0,40	9,14	-9,56	10,49	0,35	-7,35	-0,47	8,73	1,03	1,06	0,82	1,09	0,84	1,05
1,88	12	-9,52	11,14	0,22	-7,16	-0,36	9,03	-9,16	10,49	0,28	-6,75	-0,43	8,53	1,04	1,06	0,79	1,06	0,84	1,06
2,25	0	-11,71	11,97	0,55	-10,27	-0,54	10,13	-11,37	11,37	0,72	-9,90	-0,72	9,90	1,03	1,05	0,76	1,04	0,76	1,02
2,25	3	-11,54	12,07	0,49	-9,55	-0,54	10,42	-11,09	11,37	0,58	-9,31	-0,61	9,82	1,04	1,06	0,86	1,03	0,87	1,06
2,25	6	-11,31	12,14	0,41	-8,90	-0,49	10,11	-10,79	11,37	0,48	-8,72	-0,56	9,68	1,05	1,07	0,84	1,02	0,86	1,04
Prüfkörper 100.Q3																			
1,00	0	-9,13	9,35	0,18	-8,06	-0,17	8,04	-9,29	9,29	0,25	-8,10	-0,25	8,10	0,98	1,01	0,72	1,00	0,70	0,99
1,00	3	-8,88	9,48	0,16	-7,54	-0,17	8,34	-8,89	9,29	0,17	-7,25	-0,20	7,95	1,00	1,02	0,90	1,04	0,88	1,05
1,00	6	-8,49	9,49	0,11	-6,50	-0,14	7,66	-8,40	9,29	0,13	-6,40	-0,17	7,70	1,01	1,02	0,86	1,01	0,82	0,99
1,00	9	-7,80	9,43	0,08	-5,96	-0,12	7,25	-7,80	9,29	0,09	-5,56	-0,15	7,40	1,00	1,01	0,87	1,07	0,81	0,98
1,50	0	-11,17	11,29	0,22	-9,52	-0,22	9,73	-11,13	11,13	0,30	-9,70	-0,30	9,70	1,00	1,01	0,74	0,98	0,73	1,00
1,50	3	-10,91	11,48	0,20	-9,00	-0,22	9,88	-10,74	11,13	0,22	-8,87	-0,24	9,56	1,02	1,03	0,92	1,01	0,89	1,03
1,50	6	-10,45	11,56	0,15	-8,36	-0,19	9,46	-10,29	11,13	0,17	-8,05	-0,22	9,34	1,02	1,04	0,88	1,04	0,86	1,01
1,50	9	-9,84	11,52	0,11	-7,99	-0,17	9,25	-9,77	11,13	0,13	-7,23	-0,20	9,07	1,01	1,04	0,86	1,11	0,85	1,02
1,50	12	-9,25	11,41	0,08	-6,69	-0,15	9,05	-9,12	11,13	0,09	-6,40	-0,18	8,76	1,01	1,03	0,85	1,04	0,83	1,03
2,00	0	-12,76	12,95	0,26	-11,10	-0,25	11,35	-12,65	12,65	0,34	-11,02	-0,34	11,02	1,01	1,02	0,78	1,01	0,76	1,03
2,00	3	-12,43	13,13	0,24	-10,69	-0,26	11,55	-12,27	12,65	0,26	-10,21	-0,28	10,90	1,01	1,04	0,93	1,05	0,91	1,06
2,00	6	-12,08	13,22	0,19	-9,57	-0,22	11,12	-11,85	12,65	0,21	-9,40	-0,25	10,69	1,02	1,05	0,88	1,02	0,88	1,04
2,00	9	-11,68	13,23	0,15	-8,86	-0,20	10,82	-11,36	12,65	0,17	-8,60	-0,23	10,44	1,03	1,05	0,88	1,03	0,86	1,04
2,00	12	-11,17	13,16	0,11	-8,44	-0,18	10,41	-10,79	12,65	0,13	-7,79	-0,21	10,15	1,04	1,04	0,88	1,08	0,85	1,03
2,50	0	-14,23	14,43	0,29	-12,32	-0,29	12,42	-13,97	13,97	0,37	-12,17	-0,37	12,17	1,02	1,03	0,78	1,01	0,77	1,02
2,50	3	-14,01	14,62	0,27	-11,64	-0,29	12,67	-13,60	13,97	0,29	-11,37	-0,32	12,05	1,03	1,05	0,93	1,02	0,91	1,05
2,50	6	-13,70	14,71	0,22	-10,91	-0,26	12,36	-13,19	13,97	0,24	-10,58	-0,29	11,86	1,04	1,05	0,91	1,03	0,89	1,04
2,50	9	-13,28	14,76	0,18	-10,39	-0,23	12,01	-12,73	13,97	0,20	-9,78	-0,26	11,62	1,04	1,06	0,89	1,06	0,88	1,03
2,50	12	-12,65	14,72	0,14	-9,19	-0,21	11,77	-12,20	13,97	0,16	-8,98	-0,24	11,35	1,04	1,05	0,88	1,02	0,88	1,04
3,00	0	-15,61	15,73	0,32	-13,51	-0,32	13,57	-15,15	15,15	0,40	-13,20	-0,40	13,20	1,03	1,04	0,80	1,02	0,78	1,03
3,00	3	-15,28	15,91	0,30	-13,05	-0,32	13,94	-14,79	15,15	0,32	-12,41	-0,35	13,09	1,03	1,05	0,94	1,05	0,92	1,07
3,00	6	-14,90	16,03	0,25	-11,84	-0,29	13,59	-14,39	15,15	0,27	-11,63	-0,32	12,90	1,04	1,06	0,92	1,02	0,91	1,05
3,00	12	-14,07	16,09	0,17	-10,73	-0,24	13,02	-13,44	15,15	0,19	-10,05	-0,27	12,42	1,05	1,06	0,90	1,07	0,89	1,05
Prüfkörper 120.Q1																			
0,50	0	-4,50	4,83	1,07	-3,88	-1,11	4,10	-4,65	4,65	1,71	-4,05	-1,71	4,05	0,97	1,04	0,63	0,96	0,65	1,01
0,50	3	-4,35	4,86	1,04	-3,74	-1,19	4,24	-4,44	4,65	1,21	-3,63	-1,37	3,97	0,98	1,05	0,86	1,03	0,87	1,07
0,50	6	-4,17	4,83	0,75	-3,31	-1,05	4,16	-4,20	4,65	0,88	-3,20	-1,19	3,85	0,99	1,04	0,85	1,03	0,88	1,08
0,50	9	-3,84	4,69	0,34	-2,98	-0,72	3,71	-3,90	4,65	0,60	-2,78	-1,05	3,70	0,99	1,01	0,57	1,07	0,69	1,00
0,75	0	-5,60	5,83	1,28	-4,62	-1,30	4,80	-5,57	5,57	2,05	-4,85	-2,05	4,85	1,01	1,05	0,62	0,95	0,64	0,99
0,75	3	-5,42	5,89	1,29	-4,52	-1,43	5,05	-5,37	5,57	1,53	-4,44	-1,69	4,78	1,01	1,06	0,84	1,02	0,85	1,06
0,75	6	-5,17	5,89	0,97	-3,94	-1,27	4,87	-5,15	5,57	1,19	-4,02	-1,50	4,67	1,00	1,06	0,82	0,98	0,84	1,04
0,75	9	-4,81	5,77	0,60	-3,45	-0,98	4,48	-4,88	5,57	0,90	-3,61	-1,35	4,53	0,98	1,04	0,66	0,95	0,73	0,99
1,00	0	-6,44	6,75	1,50	-5,55	-1,48	5,61	-6,33	6,33	2,33	-5,51	-2,33	5,51	1,02	1,07	0,64	1,01	0,64	1,02
1,00	3	-6,31	6,80	1,56	-5,43	-1,69	5,89	-6,14	6,33	1,80	-5,11	-1,95	5,45	1,03	1,07	0,87	1,06	0,86	1,08
1,00	6	-6,15	6,82	1,15	-4,62	-1,46	5,76	-5,92	6,33	1,45	-4,70	-1,76	5,35	1,04	1,08	0,79	0,98	0,83	1,08

Setup		Messergebnis						Berechnungsergebnis (Dimensionierungsgleichungen)						q-Werte					
vx	alpha	uyA	uyE	Fymax	uyB	Fymin	uyD	uyA	uyE	Fymax	uyB	Fymin	uyD	qyA	qyE	qFymax	quyB	qFymin	quyD
mm	°	mm	mm	N	mm	N	mm	mm	mm	N	mm	N	mm						
1,00	9	-5,89	6,74	0,80	-4,08	-1,19	5,32	-5,68	6,33	1,15	-4,30	-1,60	5,22	1,04	1,07	0,69	0,95	0,74	1,02
1,00	12	-5,52	6,66	0,58	-3,80	-1,07	5,03	-5,39	6,33	0,88	-3,89	-1,47	5,08	1,02	1,05	0,65	0,98	0,73	0,99
1,25	0	-7,09	7,42	1,66	-6,04	-1,64	6,24	-6,99	6,99	2,57	-6,09	-2,57	6,09	1,01	1,06	0,64	0,99	0,64	1,02
1,25	3	-6,97	7,49	1,79	-6,06	-1,91	6,60	-6,80	6,99	2,03	-5,69	-2,18	6,03	1,02	1,07	0,88	1,07	0,87	1,10
1,25	6	-6,81	7,49	1,33	-5,44	-1,62	6,41	-6,59	6,99	1,68	-5,29	-1,98	5,93	1,03	1,07	0,79	1,03	0,81	1,08
1,25	9	-6,60	7,47	0,99	-4,86	-1,40	6,13	-6,36	6,99	1,38	-4,89	-1,82	5,81	1,04	1,07	0,72	0,99	0,77	1,05
1,25	12	-6,35	7,40	0,75	-4,30	-1,27	5,89	-6,10	6,99	1,10	-4,49	-1,68	5,68	1,04	1,06	0,68	0,96	0,76	1,04
1,50	0	-7,81	8,07	1,78	-6,51	-1,77	6,73	-7,58	7,58	2,79	-6,60	-2,79	6,60	1,03	1,07	0,64	0,99	0,64	1,02
1,50	3	-7,65	8,18	1,95	-6,57	-2,06	7,12	-7,39	7,58	2,24	-6,21	-2,39	6,54	1,03	1,08	0,87	1,06	0,86	1,09
1,50	6	-7,45	8,17	1,48	-5,88	-1,74	6,80	-7,19	7,58	1,88	-5,81	-2,19	6,45	1,04	1,08	0,78	1,01	0,80	1,05
1,50	9	-7,22	8,16	1,19	-5,60	-1,59	6,67	-6,97	7,58	1,58	-5,42	-2,02	6,34	1,04	1,08	0,75	1,03	0,79	1,05
1,50	12	-6,97	8,12	0,93	-5,21	-1,46	6,55	-6,72	7,58	1,30	-5,03	-1,88	6,21	1,04	1,07	0,72	1,04	0,78	1,05
Prüfkörper 120.Q2																			
0,75	0	-6,79	7,14	0,53	-5,95	-0,52	6,08	-6,97	6,97	0,76	-6,07	-0,76	6,07	0,97	1,02	0,69	0,98	0,68	1,00
0,75	3	-6,58	7,19	0,46	-5,77	-0,54	6,48	-6,66	6,97	0,54	-5,44	-0,61	5,96	0,99	1,03	0,87	1,06	0,89	1,09
0,75	6	-6,32	7,19	0,28	-4,96	-0,40	5,89	-6,30	6,97	0,39	-4,80	-0,53	5,77	1,00	1,03	0,71	1,03	0,76	1,02
0,75	9	-5,86	7,07	0,18	-4,20	-0,34	5,51	-5,85	6,97	0,27	-4,17	-0,47	5,55	1,00	1,01	0,67	1,01	0,73	0,99
1,13	0	-8,42	8,63	0,63	-7,08	-0,63	7,26	-8,37	8,37	0,91	-7,29	-0,91	7,29	1,01	1,03	0,69	0,97	0,69	1,00
1,13	3	-8,20	8,74	0,57	-6,64	-0,65	7,52	-8,07	8,37	0,68	-6,67	-0,75	7,19	1,02	1,04	0,84	1,00	0,87	1,05
1,13	6	-7,79	8,75	0,40	-6,03	-0,53	7,07	-7,74	8,37	0,53	-6,05	-0,67	7,02	1,01	1,05	0,76	1,00	0,79	1,01
1,13	9	-7,28	8,68	0,29	-5,84	-0,47	6,80	-7,34	8,37	0,40	-5,43	-0,60	6,82	0,99	1,04	0,73	1,07	0,78	1,00
1,50	0	-9,52	9,87	0,74	-8,34	-0,73	8,40	-9,49	9,49	1,03	-8,27	-1,03	8,27	1,00	1,04	0,72	1,01	0,71	1,02
1,50	3	-9,34	9,97	0,67	-7,99	-0,75	8,68	-9,20	9,49	0,80	-7,66	-0,87	8,17	1,01	1,05	0,84	1,04	0,87	1,06
1,50	6	-9,09	9,98	0,50	-6,83	-0,64	8,37	-8,88	9,49	0,64	-7,05	-0,78	8,02	1,02	1,05	0,77	0,97	0,81	1,04
1,50	9	-8,75	9,97	0,38	-6,34	-0,57	8,10	-8,52	9,49	0,51	-6,45	-0,71	7,83	1,03	1,05	0,75	0,98	0,80	1,03
1,50	12	-8,34	9,90	0,29	-5,96	-0,51	7,61	-8,09	9,49	0,39	-5,84	-0,65	7,61	1,03	1,04	0,73	1,02	0,79	1,00
1,88	0	-10,78	11,00	0,82	-9,16	-0,82	9,33	-10,49	10,49	1,14	-9,14	-1,14	9,14	1,03	1,05	0,72	1,00	0,72	1,02
1,88	3	-10,53	11,11	0,76	-8,68	-0,84	9,53	-10,21	10,49	0,90	-8,54	-0,97	9,05	1,03	1,06	0,85	1,02	0,86	1,05
1,88	6	-10,17	11,16	0,60	-8,18	-0,74	9,26	-9,90	10,49	0,75	-7,94	-0,88	8,91	1,03	1,06	0,81	1,03	0,83	1,04
1,88	9	-9,80	11,16	0,47	-7,79	-0,67	9,14	-9,56	10,49	0,61	-7,35	-0,81	8,73	1,02	1,06	0,77	1,06	0,82	1,05
1,88	12	-9,41	11,11	0,37	-6,65	-0,61	8,95	-9,16	10,49	0,49	-6,75	-0,75	8,53	1,03	1,06	0,75	0,99	0,82	1,05
2,25	0	-11,66	11,99	0,89	-10,01	-0,88	10,12	-11,37	11,37	1,24	-9,90	-1,24	9,90	1,03	1,05	0,72	1,01	0,71	1,02
2,25	3	-11,50	12,09	0,83	-9,37	-0,90	10,39	-11,09	11,37	0,99	-9,31	-1,06	9,82	1,04	1,06	0,84	1,01	0,85	1,06
2,25	6	-11,25	12,17	0,69	-8,76	-0,82	10,10	-10,79	11,37	0,84	-8,72	-0,97	9,68	1,04	1,07	0,82	1,01	0,84	1,04
2,25	9	-10,95	12,17	0,57	-8,33	-0,75	9,78	-10,46	11,37	0,70	-8,13	-0,90	9,51	1,05	1,07	0,81	1,02	0,83	1,03
2,25	12	-10,49	12,14	0,45	-8,10	-0,69	9,50	-10,08	11,37	0,58	-7,54	-0,83	9,32	1,04	1,07	0,78	1,08	0,83	1,02
Prüfkörper 120.Q3																			
1,00	0	-9,11	9,37	0,30	-7,95	-0,29	7,81	-9,29	9,29	0,43	-8,10	-0,43	8,10	0,98	1,01	0,71	0,98	0,68	0,96
1,00	3	-8,87	9,50	0,28	-7,54	-0,31	8,41	-8,89	9,29	0,30	-7,25	-0,34	7,95	1,00	1,02	0,93	1,04	0,91	1,06
1,00	6	-8,48	9,50	0,18	-6,43	-0,24	7,79	-8,40	9,29	0,22	-6,40	-0,30	7,70	1,01	1,02	0,83	1,00	0,80	1,01
1,00	9	-7,72	9,44	0,12	-5,84	-0,21	7,26	-7,80	9,29	0,15	-5,56	-0,25	7,40	0,99	1,02	0,81	1,05	0,80	0,98
1,50	0	-11,16	11,32	0,38	-9,38	-0,37	9,48	-11,13	11,13	0,51	-9,70	-0,51	9,70	1,00	1,02	0,74	0,97	0,72	0,98
1,50	3	-10,90	11,51	0,35	-9,19	-0,38	10,10	-10,74	11,13	0,38	-8,87	-0,42	9,56	1,01	1,03	0,92	1,04	0,91	1,06
1,50	6	-10,43	11,58	0,26	-8,41	-0,32	9,46	-10,29	11,13	0,30	-8,05	-0,33	9,34	1,01	1,04	0,86	1,05	0,84	1,01
1,50	9	-9,78	11,53	0,18	-7,84	-0,28	9,24	-9,77	11,13	0,23	-7,23	-0,34	9,07	1,00	1,04	0,82	1,08	0,83	1,02
1,50	12	-9,20	11,45	0,13	-6,60	-0,25	9,11	-9,12	11,13	0,16	-6,40	-0,31	8,76	1,01	1,03	0,79	1,03	0,82	1,04
2,00	0	-12,73	12,95	0,45	-10,97	-0,43	11,03	-12,65	12,65	0,58	-11,02	-0,53	11,02	1,01	1,02	0,77	1,00	0,74	1,00
2,00	3	-12,39	13,13	0,41	-10,83	-0,44	11,62	-12,27	12,65	0,45	-10,21	-0,49	10,90	1,01	1,04	0,92	1,06	0,91	1,07

Setup		Messergebnis						Berechnungsergebnis (Dimensionierungsgleichungen)						q-Werte					
vx	alpha	uyA	uyE	Fymax	uyB	Fymin	uyD	uyA	uyE	Fymax	uyB	Fymin	uyD	qyA	qyE	qFymax	quyB	qFymin	quyD
mm	°	mm	mm	N	mm	N	mm	mm	mm	N	mm	N	mm						
2,00	6	-12,04	13,22	0,31	-9,76	-0,38	11,10	-11,85	12,65	0,36	-9,40	-0,44	10,69	1,02	1,05	0,85	1,04	0,86	1,04
2,00	9	-11,65	13,23	0,24	-8,92	-0,34	10,84	-11,36	12,65	0,29	-8,60	-0,40	10,44	1,03	1,05	0,84	1,04	0,85	1,04
2,00	12	-11,11	13,19	0,18	-8,41	-0,31	10,42	-10,79	12,65	0,22	-7,79	-0,37	10,15	1,03	1,04	0,83	1,08	0,84	1,03
2,50	0	-14,22	14,43	0,50	-12,12	-0,48	12,22	-13,97	13,97	0,64	-12,17	-0,64	12,17	1,02	1,03	0,77	1,00	0,75	1,00
2,50	3	-13,98	14,64	0,46	-11,76	-0,50	12,73	-13,60	13,97	0,51	-11,37	-0,55	12,05	1,03	1,05	0,91	1,03	0,91	1,06
2,50	6	-13,65	14,73	0,37	-10,99	-0,44	12,29	-13,19	13,97	0,42	-10,58	-0,50	11,86	1,04	1,05	0,88	1,04	0,88	1,04
2,50	9	-13,21	14,75	0,30	-10,57	-0,40	11,90	-12,73	13,97	0,34	-9,78	-0,46	11,62	1,04	1,06	0,86	1,08	0,87	1,02
2,50	12	-12,54	14,74	0,23	-9,46	-0,36	11,67	-12,20	13,97	0,28	-8,98	-0,42	11,35	1,03	1,06	0,84	1,05	0,87	1,03
3,00	0	-15,57	15,72	0,55	-13,41	-0,53	13,39	-15,15	15,15	0,70	-13,20	-0,70	13,20	1,03	1,04	0,79	1,02	0,76	1,01
3,00	3	-15,24	15,91	0,51	-13,13	-0,54	13,95	-14,79	15,15	0,56	-12,41	-0,60	13,09	1,03	1,05	0,91	1,06	0,91	1,07
3,00	6	-14,85	16,06	0,42	-11,80	-0,49	13,50	-14,39	15,15	0,47	-11,63	-0,55	12,90	1,03	1,06	0,88	1,01	0,90	1,05
3,00	9	-14,45	16,11	0,34	-11,27	-0,45	13,33	-13,94	15,15	0,39	-10,84	-0,51	12,68	1,04	1,06	0,87	1,04	0,89	1,05
3,00	12	-13,99	16,09	0,28	-10,85	-0,41	12,84	-13,44	15,15	0,32	-10,05	-0,47	12,42	1,04	1,06	0,86	1,08	0,88	1,03
Prüfkörper 150.Q1																			
0,50	0	-4,41	4,78	2,06	-3,72	-2,13	4,04	-4,65	4,65	3,34	-4,05	-3,34	4,05	0,95	1,03	0,62	0,92	0,64	1,00
0,50	3	-4,28	4,80	1,90	-3,51	-2,21	4,14	-4,44	4,65	2,35	-3,63	-2,67	3,97	0,96	1,03	0,81	0,97	0,82	1,04
0,50	6	-4,11	4,77	1,45	-3,27	-2,03	4,13	-4,20	4,65	1,72	-3,20	-2,33	3,85	0,98	1,03	0,85	1,02	0,87	1,07
0,50	9	-3,78	4,65	0,64	-3,10	-1,35	3,66	-3,90	4,65	1,17	-2,78	-2,06	3,70	0,97	1,00	0,55	1,11	0,66	0,99
0,75	0	-5,50	5,76	2,48	-4,42	-2,55	4,73	-5,57	5,57	4,00	-4,85	-4,00	4,85	0,99	1,03	0,62	0,91	0,64	0,98
0,75	3	-5,31	5,81	2,40	-4,27	-2,70	4,89	-5,37	5,57	2,98	-4,44	-3,30	4,78	0,99	1,04	0,80	0,96	0,82	1,02
0,75	6	-5,07	5,81	1,91	-3,90	-2,44	4,83	-5,15	5,57	2,33	-4,02	-2,93	4,67	0,98	1,04	0,82	0,97	0,83	1,03
0,75	9	-4,74	5,71	1,13	-3,41	-1,86	4,40	-4,88	5,57	1,76	-3,61	-2,64	4,53	0,97	1,03	0,65	0,94	0,71	0,97
1,00	0	-6,37	6,68	2,87	-5,32	-2,89	5,52	-6,33	6,33	4,54	-5,51	-4,54	5,51	1,01	1,06	0,63	0,97	0,64	1,00
1,00	3	-6,25	6,74	2,90	-5,18	-3,21	5,78	-6,14	6,33	3,51	-5,11	-3,81	5,45	1,02	1,07	0,83	1,02	0,84	1,06
1,00	6	-6,08	6,74	2,24	-4,55	-2,79	5,71	-5,92	6,33	2,83	-4,70	-3,44	5,35	1,03	1,06	0,79	0,97	0,81	1,07
1,00	9	-5,85	6,69	1,54	-4,05	-2,26	5,20	-5,68	6,33	2,25	-4,30	-3,13	5,22	1,03	1,06	0,68	0,94	0,72	1,00
1,00	12	-5,47	6,62	1,11	-3,75	-2,04	4,96	-5,39	6,33	1,73	-3,89	-2,87	5,08	1,01	1,05	0,64	0,96	0,71	0,98
1,25	0	-7,03	7,35	3,22	-5,86	-3,20	6,17	-6,99	6,99	5,02	-6,09	-5,02	6,09	1,01	1,05	0,64	0,96	0,64	1,01
1,25	3	-6,90	7,42	3,38	-5,85	-3,66	6,48	-6,80	6,99	3,96	-5,69	-4,27	6,03	1,01	1,06	0,85	1,03	0,86	1,07
1,25	6	-6,75	7,43	2,57	-5,36	-3,09	6,30	-6,59	6,99	3,28	-5,29	-3,88	5,93	1,02	1,06	0,78	1,01	0,80	1,06
1,25	9	-6,55	7,39	1,89	-4,78	-2,67	6,03	-6,36	6,99	2,69	-4,89	-3,56	5,81	1,03	1,06	0,70	0,98	0,75	1,04
1,25	12	-6,30	7,36	1,45	-4,27	-2,43	5,87	-6,10	6,99	2,15	-4,49	-3,29	5,68	1,03	1,05	0,68	0,95	0,74	1,03
1,50	0	-7,74	8,03	3,44	-6,30	-3,44	6,66	-7,58	7,58	5,44	-6,60	-5,44	6,60	1,02	1,06	0,63	0,95	0,63	1,01
1,50	3	-7,58	8,09	3,74	-6,33	-3,98	6,97	-7,39	7,58	4,37	-6,21	-4,67	6,54	1,02	1,07	0,85	1,02	0,85	1,06
1,50	6	-7,38	8,09	2,85	-5,84	-3,32	6,74	-7,19	7,58	3,68	-5,81	-4,27	6,45	1,03	1,07	0,77	1,00	0,78	1,04
1,50	9	-7,17	8,07	2,29	-5,58	-3,04	6,62	-6,97	7,58	3,08	-5,42	-3,95	6,34	1,03	1,07	0,74	1,03	0,77	1,04
1,50	12	-6,93	8,03	1,79	-5,16	-2,79	6,51	-6,72	7,58	2,54	-5,03	-3,67	6,21	1,03	1,06	0,71	1,03	0,76	1,05
Prüfkörper 150.Q2																			
0,75	0	-6,75	7,15	0,96	-5,86	-0,98	6,04	-6,97	6,97	1,48	-6,07	-1,48	6,07	0,97	1,03	0,65	0,97	0,66	0,99
0,75	3	-6,56	7,21	0,89	-5,74	-1,04	6,47	-6,66	6,97	1,05	-5,44	-1,19	5,96	0,98	1,03	0,85	1,06	0,87	1,09
0,75	6	-6,26	7,18	0,51	-4,90	-0,77	5,86	-6,30	6,97	0,76	-4,80	-1,04	5,77	0,99	1,03	0,67	1,02	0,74	1,01
0,75	9	-5,80	7,11	0,33	-4,17	-0,66	5,48	-5,85	6,97	0,52	-4,17	-0,91	5,55	0,99	1,02	0,64	1,00	0,72	0,99
1,13	0	-8,40	8,66	1,17	-6,95	-1,21	7,25	-8,37	8,37	1,78	-7,29	-1,78	7,29	1,00	1,04	0,66	0,95	0,68	1,00
1,13	3	-8,16	8,78	1,10	-6,69	-1,25	7,49	-8,07	8,37	1,33	-6,67	-1,47	7,19	1,01	1,05	0,83	1,00	0,85	1,04
1,13	6	-7,75	8,79	0,76	-6,01	-1,02	7,07	-7,74	8,37	1,04	-6,05	-1,31	7,02	1,00	1,05	0,74	0,99	0,78	1,01
1,13	9	-7,26	8,72	0,55	-5,81	-0,91	6,77	-7,34	8,37	0,78	-5,43	-1,18	6,82	0,99	1,04	0,70	1,07	0,77	0,99
1,50	0	-9,50	9,89	1,38	-8,26	-1,40	8,40	-9,49	9,49	2,02	-8,27	-2,02	8,27	1,00	1,04	0,68	1,00	0,69	1,02
1,50	3	-9,32	9,99	1,29	-8,01	-1,45	8,68	-9,20	9,49	1,56	-7,66	-1,70	8,17	1,01	1,05	0,83	1,05	0,85	1,06

Setup		Messergebnis						Berechnungsergebnis (Dimensionierungsgleichungen)						q-Werte					
vx	alpha	uyA	uyE	Fymax	uyB	Fymin	uyD	uyA	uyE	Fymax	uyB	Fymin	uyD	qyA	qyE	qFymax	quyB	qFymin	quyD
mm	°	mm	mm	N	mm	N	mm	mm	mm	N	mm	N	mm						
1,50	6	-9,07	10,01	0,95	-6,82	-1,22	8,35	-8,88	9,49	1,26	-7,05	-1,53	8,02	1,02	1,06	0,75	0,97	0,80	1,04
1,50	9	-8,72	10,00	0,73	-6,29	-1,09	8,02	-8,52	9,49	1,00	-6,45	-1,39	7,83	1,02	1,05	0,73	0,98	0,78	1,02
1,50	12	-8,30	9,92	0,54	-5,96	-0,99	7,59	-8,09	9,49	0,77	-5,84	-1,27	7,61	1,03	1,05	0,71	1,02	0,78	1,00
1,88	0	-10,74	11,01	1,54	-9,03	-1,57	9,31	-10,49	10,49	2,23	-9,14	-2,23	9,14	1,02	1,05	0,69	0,99	0,70	1,02
1,88	3	-10,50	11,15	1,46	-8,64	-1,61	9,48	-10,21	10,49	1,76	-8,54	-1,90	9,05	1,03	1,06	0,83	1,01	0,85	1,05
1,88	9	-9,79	11,19	0,90	-7,78	-1,29	9,09	-9,56	10,49	1,20	-7,35	-1,59	8,73	1,02	1,07	0,75	1,06	0,81	1,04
1,88	12	-9,38	11,14	0,70	-6,62	-1,17	8,83	-9,16	10,49	0,96	-6,75	-1,46	8,53	1,02	1,06	0,73	0,98	0,80	1,04
2,25	0	-11,66	12,01	1,67	-9,87	-1,69	10,10	-11,37	11,37	2,42	-9,90	-2,42	9,90	1,03	1,06	0,69	1,00	0,70	1,02
2,25	3	-11,47	12,14	1,59	-9,35	-1,73	10,33	-11,09	11,37	1,94	-9,31	-2,08	9,82	1,03	1,07	0,82	1,00	0,84	1,05
2,25	6	-11,23	12,19	1,32	-8,76	-1,57	10,07	-10,79	11,37	1,63	-8,72	-1,90	9,68	1,04	1,07	0,80	1,00	0,83	1,04
2,25	9	-10,91	12,19	1,08	-8,33	-1,44	9,77	-10,46	11,37	1,37	-8,13	-1,76	9,51	1,04	1,07	0,79	1,02	0,82	1,03
2,25	12	-10,47	12,18	0,86	-8,13	-1,33	9,44	-10,08	11,37	1,13	-7,54	-1,63	9,32	1,04	1,07	0,76	1,08	0,82	1,01
Prüfkörper 150.Q3																			
1,00	0	-9,14	9,44	0,56	-8,08	-0,55	7,93	-9,29	9,29	0,83	-8,10	-0,83	8,10	0,98	1,02	0,68	1,00	0,66	0,98
1,00	3	-8,87	9,56	0,51	-7,54	-0,59	8,46	-8,89	9,29	0,59	-7,25	-0,67	7,95	1,00	1,03	0,87	1,04	0,89	1,06
1,00	6	-8,48	9,57	0,34	-6,50	-0,46	7,91	-8,40	9,29	0,43	-6,40	-0,58	7,70	1,01	1,03	0,79	1,02	0,79	1,03
1,00	9	-7,70	9,50	0,23	-5,91	-0,40	7,30	-7,80	9,29	0,29	-5,56	-0,51	7,40	0,99	1,02	0,78	1,06	0,77	0,99
1,50	0	-11,17	11,40	0,70	-9,49	-0,69	9,59	-11,13	11,13	1,00	-9,70	-1,00	9,70	1,00	1,02	0,70	0,98	0,69	0,99
1,50	3	-10,91	11,59	0,65	-9,22	-0,72	10,14	-10,74	11,13	0,75	-8,87	-0,82	9,56	1,02	1,04	0,87	1,04	0,88	1,06
1,50	6	-10,41	11,64	0,47	-8,41	-0,60	9,48	-10,29	11,13	0,58	-8,05	-0,73	9,34	1,01	1,05	0,81	1,04	0,82	1,02
1,50	9	-9,78	11,62	0,35	-7,89	-0,53	9,25	-9,77	11,13	0,44	-7,23	-0,66	9,07	1,00	1,04	0,79	1,09	0,81	1,02
1,50	12	-9,18	11,50	0,24	-6,70	-0,48	9,11	-9,12	11,13	0,31	-6,40	-0,60	8,76	1,01	1,03	0,76	1,05	0,80	1,04
2,00	0	-12,77	13,03	0,83	-11,03	-0,81	11,14	-12,65	12,65	1,14	-11,02	-1,14	11,02	1,01	1,03	0,73	1,00	0,71	1,01
2,00	3	-12,41	13,22	0,77	-10,79	-0,84	11,66	-12,27	12,65	0,88	-10,21	-0,95	10,90	1,01	1,04	0,88	1,06	0,88	1,07
2,00	6	-12,03	13,30	0,58	-9,67	-0,72	11,19	-11,85	12,65	0,71	-9,40	-0,86	10,69	1,02	1,05	0,82	1,03	0,84	1,05
2,00	9	-11,63	13,30	0,45	-8,87	-0,64	10,88	-11,36	12,65	0,56	-8,60	-0,78	10,44	1,02	1,05	0,81	1,03	0,82	1,04
2,50	0	-14,23	14,54	0,92	-12,22	-0,91	12,32	-13,97	13,97	1,25	-12,17	-1,25	12,17	1,02	1,04	0,74	1,00	0,73	1,01
2,50	3	-13,98	14,71	0,86	-11,83	-0,94	12,80	-13,60	13,97	0,99	-11,37	-1,07	12,05	1,03	1,05	0,87	1,04	0,88	1,06
2,50	6	-13,63	14,78	0,69	-10,97	-0,82	12,35	-13,19	13,97	0,82	-10,58	-0,97	11,86	1,03	1,06	0,84	1,04	0,85	1,04
2,50	9	-13,18	14,81	0,56	-10,56	-0,75	11,94	-12,73	13,97	0,67	-9,78	-0,89	11,62	1,04	1,06	0,83	1,08	0,84	1,03
2,50	12	-12,51	14,79	0,43	-9,34	-0,69	11,73	-12,20	13,97	0,54	-8,98	-0,82	11,35	1,03	1,06	0,81	1,04	0,84	1,03
3,00	0	-15,57	15,82	1,02	-13,42	-1,00	13,41	-15,15	15,15	1,36	-13,20	-1,35	13,20	1,03	1,04	0,75	1,02	0,73	1,02
3,00	3	-15,23	15,99	0,95	-13,19	-1,03	13,98	-14,79	15,15	1,09	-12,41	-1,17	13,09	1,03	1,06	0,87	1,06	0,88	1,07
3,00	6	-14,84	16,12	0,78	-11,94	-0,92	13,64	-14,39	15,15	0,92	-11,63	-1,07	12,90	1,03	1,06	0,85	1,03	0,86	1,06
3,00	9	-14,42	16,15	0,65	-11,24	-0,84	13,33	-13,94	15,15	0,77	-10,84	-0,99	12,68	1,03	1,07	0,84	1,04	0,85	1,05
3,00	12	-13,98	16,16	0,53	-10,87	-0,77	12,94	-13,44	15,15	0,63	-10,05	-0,92	12,42	1,04	1,07	0,83	1,08	0,85	1,04
Prüfkörper 170.Q1																			
0,50	0	-4,38	4,77	2,88	-3,67	-2,92	3,96	-4,65	4,65	4,98	-4,05	-4,98	4,05	0,94	1,03	0,58	0,91	0,59	0,98
0,50	3	-4,22	4,80	2,45	-3,41	-2,79	4,05	-4,44	4,65	3,51	-3,63	-3,99	3,97	0,95	1,03	0,70	0,94	0,70	1,02
0,50	6	-4,05	4,78	2,05	-3,20	-2,91	4,12	-4,20	4,65	2,56	-3,20	-3,48	3,85	0,96	1,03	0,80	1,00	0,84	1,07
0,75	0	-5,46	5,79	3,44	-4,39	-3,48	4,68	-5,57	5,57	5,97	-4,85	-5,97	4,85	0,98	1,04	0,58	0,91	0,58	0,96
0,75	3	-5,25	5,83	3,17	-4,21	-3,52	4,76	-5,37	5,57	4,45	-4,44	-4,92	4,78	0,98	1,05	0,71	0,95	0,71	1,00
0,75	6	-5,01	5,82	2,69	-3,81	-3,44	4,80	-5,15	5,57	3,47	-4,02	-4,38	4,67	0,97	1,05	0,77	0,95	0,79	1,03
0,75	9	-4,65	5,70	1,47	-3,34	-2,49	4,34	-4,88	5,57	2,63	-3,61	-3,94	4,53	0,95	1,02	0,56	0,92	0,63	0,96
0,75	12	-4,31	5,56	0,90	-3,38	-2,21	4,18	-4,56	5,57	1,86	-3,20	-3,56	4,38	0,94	1,00	0,48	1,05	0,62	0,95
1,00	0	-6,33	6,69	3,94	-5,29	-3,89	5,44	-6,33	6,33	6,78	-5,51	-6,78	5,51	1,00	1,06	0,58	0,96	0,57	0,99
1,00	3	-6,21	6,75	3,85	-5,07	-4,16	5,65	-6,14	6,33	5,23	-5,11	-5,69	5,45	1,01	1,07	0,74	0,99	0,73	1,04
1,00	6	-6,05	6,77	3,11	-4,43	-3,86	5,62	-5,92	6,33	4,23	-4,70	-5,13	5,35	1,02	1,07	0,73	0,94	0,75	1,05

Setup		Messergebnis						Berechnungsergebnis (Dimensionierungsgleichungen)						q-Werte					
vx	alpha	uyA	uyE	Fymax	uyB	Fymin	uyD	uyA	uyE	Fymax	uyB	Fymin	uyD	qyA	qyE	qFymax	quyB	qFymin	quyD
mm	°	mm	mm	N	mm	N	mm	mm	mm	N	mm	N	mm						
1,00	9	-5,76	6,69	2,04	-3,91	-3,03	5,09	-5,68	6,33	3,37	-4,30	-4,68	5,22	1,01	1,06	0,61	0,91	0,65	0,98
1,00	12	-5,36	6,62	1,45	-3,57	-2,74	4,79	-5,39	6,33	2,58	-3,89	-4,28	5,08	0,99	1,05	0,56	0,92	0,64	0,94
1,25	0	-7,00	7,40	4,40	-5,85	-4,26	6,09	-6,99	6,99	7,49	-6,09	-7,49	6,09	1,00	1,06	0,59	0,96	0,57	1,00
1,25	3	-6,87	7,45	4,55	-5,82	-4,77	6,36	-6,80	6,99	5,91	-5,69	-6,37	6,03	1,01	1,07	0,77	1,02	0,75	1,05
1,25	6	-6,72	7,46	3,48	-5,25	-4,20	6,21	-6,59	6,99	4,89	-5,29	-5,79	5,93	1,02	1,07	0,71	0,99	0,73	1,05
1,25	9	-6,49	7,41	2,54	-4,53	-3,59	5,92	-6,36	6,99	4,01	-4,89	-5,32	5,81	1,02	1,06	0,63	0,93	0,68	1,02
1,25	12	-6,22	7,35	1,93	-4,14	-3,26	5,78	-6,10	6,99	3,21	-4,49	-4,91	5,68	1,02	1,05	0,60	0,92	0,67	1,02
1,50	0	-7,67	8,03	4,66	-6,28	-4,52	6,60	-7,58	7,58	8,12	-6,60	-8,12	6,60	1,01	1,06	0,57	0,95	0,56	1,00
1,50	3	-7,52	8,12	5,02	-6,30	-5,19	6,84	-7,39	7,58	6,52	-6,21	-6,97	6,54	1,02	1,07	0,77	1,02	0,74	1,05
1,50	6	-7,35	8,12	3,86	-5,74	-4,48	6,68	-7,19	7,58	5,49	-5,81	-6,38	6,45	1,02	1,07	0,70	0,99	0,70	1,03
1,50	12	-6,86	8,05	2,39	-4,88	-3,77	6,42	-6,72	7,58	3,78	-5,03	-5,47	6,21	1,02	1,06	0,63	0,97	0,69	1,03
Prüfkörper 170.Q2																			
0,75	0	-6,72	7,12	1,46	-5,85	-1,47	6,03	-6,97	6,97	2,21	-6,07	-2,21	6,07	0,96	1,02	0,66	0,96	0,66	0,99
0,75	3	-6,53	7,21	1,33	-5,69	-1,56	6,48	-6,66	6,97	1,56	-5,44	-1,77	5,96	0,98	1,03	0,85	1,05	0,88	1,09
0,75	6	-6,23	7,17	0,72	-4,73	-1,10	5,86	-6,30	6,97	1,14	-4,80	-1,55	5,77	0,99	1,03	0,63	0,98	0,71	1,01
0,75	9	-5,70	7,07	0,46	-4,06	-0,93	5,49	-5,85	6,97	0,78	-4,17	-1,36	5,55	0,98	1,01	0,59	0,97	0,68	0,99
1,13	0	-8,37	8,66	1,77	-6,98	-1,81	7,26	-8,37	8,37	2,66	-7,29	-2,66	7,29	1,00	1,04	0,66	0,96	0,68	1,00
1,13	3	-8,11	8,78	1,62	-6,67	-1,85	7,56	-8,07	8,37	1,98	-6,67	-2,19	7,19	1,01	1,05	0,82	1,00	0,84	1,05
1,13	6	-7,65	8,74	1,08	-5,93	-1,45	6,96	-7,74	8,37	1,55	-6,05	-1,95	7,02	0,99	1,04	0,70	0,98	0,74	0,99
1,13	9	-7,19	8,68	0,78	-5,79	-1,30	6,75	-7,34	8,37	1,17	-5,43	-1,76	6,82	0,98	1,04	0,67	1,06	0,74	0,99
1,13	12	-6,70	8,56	0,50	-5,34	-1,16	6,61	-6,86	8,37	0,83	-4,82	-1,59	6,58	0,98	1,02	0,60	1,11	0,73	1,00
1,50	0	-9,48	9,89	2,07	-8,27	-2,08	8,40	-9,49	9,49	3,01	-8,27	-3,01	8,27	1,00	1,04	0,69	1,00	0,69	1,02
1,50	3	-9,28	9,99	1,88	-7,87	-2,11	8,68	-9,20	9,49	2,33	-7,66	-2,53	8,17	1,01	1,05	0,81	1,03	0,83	1,06
1,50	6	-9,01	9,99	1,35	-6,87	-1,74	8,31	-8,88	9,49	1,88	-7,05	-2,28	8,02	1,01	1,05	0,72	0,97	0,76	1,04
1,50	9	-8,66	9,95	1,04	-6,35	-1,56	8,00	-8,52	9,49	1,50	-6,45	-2,08	7,83	1,02	1,05	0,69	0,99	0,75	1,02
1,50	12	-8,19	9,88	0,77	-5,93	-1,41	7,57	-8,09	9,49	1,15	-5,84	-1,90	7,61	1,01	1,04	0,67	1,02	0,74	0,99
1,88	0	-10,70	11,03	2,28	-9,02	-2,30	9,30	-10,49	10,49	3,33	-9,14	-3,33	9,14	1,02	1,05	0,68	0,99	0,69	1,02
1,88	3	-10,45	11,15	2,11	-8,54	-2,33	9,46	-10,21	10,49	2,63	-8,54	-2,83	9,05	1,02	1,06	0,80	1,00	0,82	1,05
1,88	6	-10,09	11,18	1,63	-8,19	-2,03	9,22	-9,90	10,49	2,18	-7,94	-2,58	8,91	1,02	1,07	0,75	1,03	0,79	1,03
1,88	9	-9,70	11,15	1,28	-7,48	-1,84	9,08	-9,56	10,49	1,79	-7,35	-2,37	8,73	1,02	1,06	0,72	1,02	0,78	1,04
1,88	12	-9,32	11,11	0,99	-6,71	-1,68	8,78	-9,16	10,49	1,43	-6,75	-2,18	8,53	1,02	1,06	0,70	0,99	0,77	1,03
2,25	0	-11,63	12,01	2,45	-9,81	-2,46	10,06	-11,37	11,37	3,61	-9,90	-3,61	9,90	1,02	1,06	0,68	0,99	0,68	1,02
2,25	3	-11,43	12,12	2,28	-9,23	-2,48	10,26	-11,09	11,37	2,90	-9,31	-3,10	9,82	1,03	1,07	0,78	0,99	0,80	1,05
2,25	6	-11,17	12,16	1,88	-8,63	-2,25	10,00	-10,79	11,37	2,44	-8,72	-2,83	9,68	1,03	1,07	0,77	0,99	0,79	1,03
2,25	9	-10,85	12,17	1,54	-8,30	-2,07	9,68	-10,46	11,37	2,04	-8,13	-2,62	9,51	1,04	1,07	0,75	1,02	0,79	1,02
2,25	12	-10,37	12,14	1,22	-8,05	-1,91	9,42	-10,08	11,37	1,68	-7,54	-2,43	9,32	1,03	1,07	0,73	1,07	0,79	1,01
Prüfkörper 170.Q3																			
1,00	0	-9,07	9,42	0,84	-7,89	-0,83	7,85	-9,29	9,29	1,25	-8,10	-1,25	8,10	0,98	1,01	0,67	0,97	0,66	0,97
1,00	3	-8,83	9,56	0,77	-7,50	-0,90	8,48	-8,89	9,29	0,88	-7,25	-1,00	7,95	0,99	1,03	0,88	1,03	0,90	1,07
1,00	6	-8,43	9,55	0,49	-6,41	-0,68	7,73	-8,40	9,29	0,64	-6,40	-0,87	7,70	1,00	1,03	0,77	1,00	0,78	1,00
1,00	9	-7,61	9,48	0,33	-5,90	-0,59	7,25	-7,80	9,29	0,44	-5,56	-0,77	7,40	0,98	1,02	0,76	1,06	0,77	0,98
1,50	0	-11,14	11,42	1,04	-9,38	-1,04	9,58	-11,13	11,13	1,49	-9,70	-1,49	9,70	1,00	1,03	0,70	0,97	0,70	0,99
1,50	3	-10,84	11,56	0,97	-9,20	-1,09	10,17	-10,74	11,13	1,11	-8,87	-1,23	9,56	1,01	1,04	0,88	1,04	0,88	1,06
1,50	6	-10,35	11,63	0,69	-8,40	-0,89	9,44	-10,29	11,13	0,87	-8,05	-1,10	9,34	1,01	1,04	0,80	1,04	0,81	1,01
1,50	9	-9,72	11,58	0,50	-7,89	-0,79	9,23	-9,77	11,13	0,66	-7,23	-0,99	9,07	1,00	1,04	0,76	1,09	0,80	1,02
1,50	12	-9,13	11,48	0,34	-6,61	-0,71	9,08	-9,12	11,13	0,46	-6,40	-0,89	8,76	1,00	1,03	0,74	1,03	0,79	1,04
2,00	0	-12,70	13,03	1,23	-10,97	-1,21	11,08	-12,65	12,65	1,70	-11,02	-1,70	11,02	1,00	1,03	0,72	1,00	0,71	1,01
2,00	3	-12,36	13,20	1,14	-10,78	-1,26	11,62	-12,27	12,65	1,31	-10,21	-1,42	10,90	1,01	1,04	0,87	1,06	0,88	1,07

Setup		Messergebnis						Berechnungsergebnis (Dimensionierungsgleichungen)						q-Werte					
vx	alpha	uyA	uyE	Fymax	uyB	Fymin	uyD	uyA	uyE	Fymax	uyB	Fymin	uyD	qyA	qyE	qFymax	quyB	qFymin	quyD
mm	°	mm	mm	N	mm	N	mm	mm	mm	N	mm	N	mm						
2,00	6	-11,98	13,28	0,85	-9,61	-1,06	11,16	-11,85	12,65	1,06	-9,40	-1,28	10,69	1,01	1,05	0,80	1,02	0,83	1,04
2,00	9	-11,60	13,31	0,66	-8,80	-0,96	10,86	-11,36	12,65	0,84	-8,60	-1,17	10,44	1,02	1,05	0,79	1,02	0,82	1,04
2,00	12	-11,05	13,22	0,50	-8,39	-0,86	10,40	-10,79	12,65	0,64	-7,79	-1,07	10,15	1,02	1,04	0,78	1,08	0,81	1,02
2,50	0	-14,19	14,54	1,36	-12,08	-1,35	12,23	-13,97	13,97	1,87	-12,17	-1,87	12,17	1,02	1,04	0,73	0,99	0,72	1,00
2,50	3	-13,95	14,71	1,28	-11,83	-1,39	12,77	-13,60	13,97	1,48	-11,37	-1,59	12,05	1,03	1,05	0,86	1,04	0,87	1,06
2,50	6	-13,60	14,78	1,01	-10,95	-1,22	12,31	-13,19	13,97	1,22	-10,58	-1,45	11,86	1,03	1,06	0,83	1,03	0,84	1,04
2,50	9	-13,15	14,83	0,81	-10,61	-1,11	11,91	-12,73	13,97	1,00	-9,78	-1,33	11,62	1,03	1,06	0,81	1,08	0,84	1,02
2,50	12	-12,47	14,77	0,63	-9,28	-1,02	11,69	-12,20	13,97	0,80	-8,98	-1,23	11,35	1,02	1,06	0,79	1,03	0,83	1,03
3,00	0	-15,54	15,82	1,52	-13,38	-1,48	13,39	-15,15	15,15	2,03	-13,20	-2,03	13,20	1,03	1,04	0,75	1,01	0,73	1,01
3,00	3	-15,20	15,99	1,41	-13,17	-1,52	13,94	-14,79	15,15	1,63	-12,41	-1,74	13,09	1,03	1,06	0,86	1,06	0,87	1,07
3,00	6	-14,81	16,09	1,15	-11,81	-1,37	13,54	-14,39	15,15	1,37	-11,63	-1,59	12,90	1,03	1,06	0,83	1,02	0,86	1,05
3,00	9	-14,40	16,16	0,95	-11,21	-1,25	13,31	-13,94	15,15	1,15	-10,84	-1,47	12,68	1,03	1,07	0,83	1,03	0,85	1,05
3,00	12	-13,94	16,14	0,77	-10,81	-1,15	12,93	-13,44	15,15	0,95	-10,05	-1,37	12,42	1,04	1,06	0,81	1,08	0,84	1,04
Prüfkörper 200.Q1																			
0,50	9	-3,72	4,69	2,66	-2,50	-4,33	3,90	-3,90	4,65	2,79	-2,78	-4,91	3,70	0,95	1,01	0,95	0,90	0,88	1,05
0,75	6	-4,84	5,76	4,07	-3,68	-4,94	4,50	-5,15	5,57	5,56	-4,02	-7,01	4,67	0,94	1,03	0,73	0,92	0,70	0,96
0,75	12	-4,40	5,70	3,05	-3,20	-4,97	4,57	-4,56	5,57	2,97	-3,20	-5,70	4,38	0,96	1,02	1,03	1,00	0,87	1,04
1,00	6	-5,93	6,72	5,08	-4,32	-5,87	5,35	-5,92	6,33	6,77	-4,70	-8,22	5,35	1,00	1,06	0,75	0,92	0,71	1,00
1,00	9	-5,76	6,76	5,43	-4,25	-6,68	5,67	-5,68	6,33	5,39	-4,30	-7,49	5,22	1,01	1,07	1,01	0,99	0,89	1,09
1,00	12	-5,42	6,69	3,73	-3,75	-5,39	5,27	-5,39	6,33	4,13	-3,89	-6,85	5,08	1,00	1,06	0,90	0,96	0,79	1,04
1,25	3	-6,74	7,37	5,85	-5,34	-6,09	5,89	-6,80	6,99	9,47	-5,69	-10,19	6,03	0,99	1,05	0,62	0,94	0,60	0,98
1,25	6	-6,62	7,42	6,12	-5,25	-6,86	6,14	-6,59	6,99	7,84	-5,29	-9,27	5,93	1,00	1,06	0,78	0,99	0,74	1,04
1,25	12	-6,24	7,40	4,11	-4,20	-5,75	5,95	-6,10	6,99	5,14	-4,49	-7,86	5,68	1,02	1,06	0,80	0,94	0,73	1,05
1,50	3	-7,38	8,04	6,65	-5,82	-6,68	6,47	-7,39	7,58	10,45	-6,21	-11,16	6,54	1,00	1,06	0,64	0,94	0,60	0,99
1,50	6	-7,25	8,12	6,99	-5,79	-7,45	6,66	-7,19	7,58	8,79	-5,81	-10,21	6,45	1,01	1,07	0,79	1,00	0,73	1,03
1,50	9	-7,09	8,17	7,39	-5,71	-8,20	6,85	-6,97	7,58	7,36	-5,42	-9,44	6,34	1,02	1,08	1,00	1,05	0,87	1,08
1,50	12	-6,82	8,04	4,34	-4,74	-5,92	6,43	-6,72	7,58	6,06	-5,03	-8,77	6,21	1,01	1,06	0,72	0,94	0,68	1,03
Prüfkörper 200.Q2																			
0,75	0	-6,63	7,10	2,24	-5,66	-2,26	5,88	-6,97	6,97	3,55	-6,07	-3,55	6,07	0,95	1,02	0,63	0,93	0,64	0,97
0,75	3	-6,43	7,18	1,83	-5,13	-2,15	5,94	-6,66	6,97	2,50	-5,44	-2,84	5,96	0,96	1,03	0,73	0,94	0,76	1,00
0,75	9	-5,59	7,06	0,78	-4,00	-1,46	5,49	-5,85	6,97	1,24	-4,17	-2,18	5,55	0,96	1,01	0,63	0,96	0,67	0,99
1,13	0	-8,25	8,63	2,72	-6,67	-2,74	7,01	-8,37	8,37	4,26	-7,29	-4,26	7,29	0,99	1,03	0,64	0,92	0,64	0,96
1,13	3	-7,93	8,71	2,49	-6,36	-2,75	7,20	-8,07	8,37	3,18	-6,67	-3,51	7,19	0,98	1,04	0,79	0,95	0,78	1,00
1,13	6	-7,64	8,81	2,34	-6,13	-2,84	7,52	-7,74	8,37	2,48	-6,05	-3,12	7,02	0,99	1,05	0,94	1,01	0,91	1,07
1,13	9	-7,11	8,67	1,30	-5,74	-2,05	6,71	-7,34	8,37	1,88	-5,43	-2,81	6,82	0,97	1,04	0,69	1,06	0,73	0,98
1,13	12	-6,65	8,56	0,84	-5,29	-1,82	6,60	-6,86	8,37	1,33	-4,82	-2,54	6,58	0,97	1,02	0,63	1,10	0,72	1,00
1,50	0	-9,35	9,84	3,08	-7,88	-3,06	8,16	-9,49	9,49	4,83	-8,27	-4,83	8,27	0,99	1,04	0,64	0,95	0,63	0,99
1,50	3	-9,17	9,95	2,98	-7,52	-3,26	8,42	-9,20	9,49	3,72	-7,66	-4,05	8,17	1,00	1,05	0,80	0,98	0,80	1,03
1,50	6	-8,99	10,04	2,64	-7,06	-3,18	8,60	-8,88	9,49	3,01	-7,05	-3,65	8,02	1,01	1,06	0,88	1,00	0,87	1,07
1,50	9	-8,59	9,95	1,75	-6,27	-2,47	7,96	-8,52	9,49	2,39	-6,45	-3,33	7,83	1,01	1,05	0,73	0,97	0,74	1,02
1,50	12	-8,10	9,89	1,29	-5,86	-2,24	7,55	-8,09	9,49	1,84	-5,84	-3,04	7,61	1,00	1,04	0,70	1,00	0,74	0,99
1,88	0	-10,56	10,98	3,40	-8,61	-3,35	9,09	-10,49	10,49	5,34	-9,14	-5,34	9,14	1,01	1,05	0,64	0,94	0,63	0,99
1,88	3	-10,32	11,11	3,51	-8,52	-3,72	9,34	-10,21	10,49	4,21	-8,54	-4,54	9,05	1,01	1,06	0,83	1,00	0,82	1,03
1,88	6	-10,03	11,20	2,94	-8,21	-3,42	9,31	-9,90	10,49	3,49	-7,94	-4,12	8,91	1,01	1,07	0,84	1,03	0,83	1,04
1,88	9	-9,64	11,16	2,15	-7,39	-2,93	9,07	-9,56	10,49	2,86	-7,35	-3,79	8,73	1,01	1,06	0,75	1,01	0,77	1,04
1,88	12	-9,26	11,11	1,68	-6,67	-2,67	8,76	-9,16	10,49	2,29	-6,75	-3,50	8,53	1,01	1,06	0,73	0,99	0,76	1,03
2,25	0	-11,51	11,96	3,60	-9,24	-3,53	9,59	-11,37	11,37	5,78	-9,90	-5,78	9,90	1,01	1,05	0,62	0,93	0,61	0,97
2,25	3	-11,35	12,11	3,88	-9,26	-4,04	10,17	-11,09	11,37	4,64	-9,31	-4,96	9,82	1,02	1,07	0,84	0,99	0,81	1,04

Setup		Messergebnis						Berechnungsergebnis (Dimensionierungsgleichungen)						q-Werte					
vx	alpha	uyA	uyE	Fymax	uyB	Fymin	uyD	uyA	uyE	Fymax	uyB	Fymin	uyD	qyA	qyE	qFymax	quyB	qFymin	quyD
mm	°	mm	mm	N	mm	N	mm	mm	mm	N	mm	N	mm						
2,25	6	-11,12	12,16	3,16	-8,56	-3,58	9,99	-10,79	11,37	3,91	-8,72	-4,54	9,68	1,03	1,07	0,81	0,98	0,79	1,03
2,25	9	-10,77	12,17	2,57	-8,29	-3,28	9,64	-10,46	11,37	3,27	-8,13	-4,19	9,51	1,03	1,07	0,78	1,02	0,78	1,01
2,25	12	-10,31	12,13	2,04	-7,88	-3,04	9,37	-10,08	11,37	2,69	-7,54	-3,90	9,32	1,02	1,07	0,76	1,04	0,78	1,01
Prüfkörper 200.Q3																			
1,00	0	-9,02	9,41	1,38	-7,74	-1,38	7,66	-9,29	9,29	1,99	-8,10	-1,99	8,10	0,97	1,01	0,69	0,96	0,69	0,95
1,00	3	-8,74	9,52	1,33	-7,12	-1,51	8,24	-8,89	9,29	1,41	-7,25	-1,60	7,95	0,98	1,02	0,95	0,98	0,94	1,04
1,00	6	-8,42	9,59	1,05	-6,62	-1,40	8,35	-8,40	9,29	1,03	-6,40	-1,39	7,70	1,00	1,03	1,02	1,03	1,01	1,08
1,00	9	-7,48	9,48	0,56	-5,84	-0,99	7,22	-7,80	9,29	0,70	-5,56	-1,23	7,40	0,96	1,02	0,80	1,05	0,81	0,98
1,50	0	-11,07	11,40	1,72	-9,20	-1,72	9,40	-11,13	11,13	2,39	-9,70	-2,39	9,70	0,99	1,02	0,72	0,95	0,72	0,97
1,50	3	-10,78	11,58	1,75	-9,02	-1,89	9,90	-10,74	11,13	1,78	-8,87	-1,97	9,56	1,00	1,04	0,98	1,02	0,96	1,04
1,50	6	-10,32	11,68	1,37	-8,43	-1,71	9,86	-10,29	11,13	1,39	-8,05	-1,75	9,34	1,00	1,05	0,99	1,05	0,97	1,06
1,50	9	-9,64	11,59	0,85	-7,82	-1,33	9,22	-9,77	11,13	1,05	-7,23	-1,58	9,07	0,99	1,04	0,81	1,08	0,85	1,02
1,50	12	-9,05	11,48	0,58	-6,54	-1,19	9,06	-9,12	11,13	0,74	-6,40	-1,43	8,76	0,99	1,03	0,78	1,02	0,83	1,03
2,00	0	-12,59	13,03	2,00	-10,84	-1,95	10,88	-12,65	12,65	2,72	-11,02	-2,72	11,02	0,99	1,03	0,74	0,98	0,72	0,99
2,00	3	-12,29	13,23	2,09	-10,70	-2,22	11,55	-12,27	12,65	2,09	-10,21	-2,28	10,90	1,00	1,05	1,00	1,05	0,97	1,06
2,00	6	-11,96	13,32	1,59	-9,78	-1,96	11,50	-11,85	12,65	1,69	-9,40	-2,05	10,69	1,01	1,05	0,94	1,04	0,95	1,08
2,00	9	-11,51	13,28	1,14	-8,77	-1,61	10,85	-11,36	12,65	1,35	-8,60	-1,87	10,44	1,01	1,05	0,85	1,02	0,86	1,04
2,00	12	-10,95	13,22	0,85	-8,36	-1,45	10,37	-10,79	12,65	1,03	-7,79	-1,71	10,15	1,01	1,04	0,83	1,07	0,85	1,02
2,50	0	-14,12	14,52	2,19	-11,75	-2,16	11,91	-13,97	13,97	3,00	-12,17	-3,00	12,17	1,01	1,04	0,73	0,97	0,72	0,98
2,50	3	-13,89	14,71	2,38	-11,79	-2,48	12,72	-13,60	13,97	2,37	-11,37	-2,55	12,05	1,02	1,05	1,01	1,04	0,97	1,06
2,50	6	-13,57	14,80	1,82	-10,92	-2,15	12,44	-13,19	13,97	1,96	-10,58	-2,32	11,86	1,03	1,06	0,93	1,03	0,93	1,05
2,50	9	-13,05	14,81	1,39	-10,33	-1,88	11,90	-12,73	13,97	1,61	-9,78	-2,13	11,62	1,03	1,06	0,86	1,06	0,88	1,02
2,50	12	-12,37	14,77	1,08	-9,13	-1,72	11,69	-12,20	13,97	1,29	-8,98	-1,96	11,35	1,01	1,06	0,84	1,02	0,88	1,03
3,00	0	-15,43	15,80	2,39	-13,16	-2,32	13,14	-15,15	15,15	3,25	-13,20	-3,25	13,20	1,02	1,04	0,73	1,00	0,71	1,00
3,00	3	-15,12	16,02	2,63	-13,13	-2,71	13,95	-14,79	15,15	2,61	-12,41	-2,79	13,09	1,02	1,06	1,01	1,06	0,97	1,07
3,00	6	-14,75	16,13	1,98	-11,70	-2,32	13,59	-14,39	15,15	2,20	-11,63	-2,55	12,90	1,03	1,06	0,90	1,01	0,91	1,05
3,00	9	-14,33	16,16	1,63	-11,01	-2,11	13,30	-13,94	15,15	1,84	-10,84	-2,36	12,68	1,03	1,07	0,88	1,02	0,89	1,05
3,00	12	-13,85	16,13	1,31	-10,73	-1,94	12,96	-13,44	15,15	1,52	-10,05	-2,19	12,42	1,03	1,06	0,87	1,07	0,89	1,04